Ernst Probst / Raymund Windolf

Compsognathus

Der Zwergdinosaurier aus Bayern

Widmung

Regina Cossmann gewidmet,
die bei der Entstehung der Werke
„Dinosaurier in Deutschland“ (1993)
und „Compsognathus“ (2019)
wertvolle Hilfe geleistet hat!

Copyright / Impressum:
Compsognathus. Der Zwergdinosaurier aus Bayern

Verlag: Ernst Probst:
Im See 11, 55246 Mainz-Kostheim
Telefon: 06134/21152
E-Mail: ernst.probst (at) gmx.de
ISBN: 978-3-384-44295-6

Herstellung: Tredition GmbH, Ahrensburg

Tierwelt der Oberjurazeit vor etwa 150 Millionen Jahren, links unten der Zwergdinosaurier Compsognathus longipes. Bild: Gemälde von Fritz Wendler (1941–1995) für das Buch „Deutschland in der Urzeit“ (1986) von Ernst Probst

Vorwort

In der Jurazeit vor rund 150 Millionen Jahren erfasste eine riesige Flutwelle an einem Strand in Bayern einen kleinen Raubdinosaurier, riss ihn mit sich und spülte ihn in das übersalzene Wasser der Lagune. Das nur hühnergroße Reptil, das zuvor hungrig eine Eidechse gejagt und verschlungen hatte, geriet ins tiefere Wasser und ertrank. So beginnt das Taschenbuch „Compsognathus" über einen Zeitgenossen von Urvögeln sowie Flugsauriern in Spatzengröße und Adlerformat. Verfasser sind der Wissenschaftsautor Ernst Probst und der Paläontologe Raymund Windolf (1953–2010). Die beiden haben 1993 das Buch „Dinosaurier in Deutschland" veröffentlicht. Daraus stammt der aktualisierte Text über den im Sommer 1859 von dem Gerichtsarzt Joseph Oberndorfer in einem Steinbruch in Kelheim oder Jachenhausen bei Riedenburg entdeckten Dinosaurier. Diesem Fossil gab der Münchner Zoologe Andreas Wagner 1859 den Artnamen *Compsognathus longipes* („Langbeiniger Zartkiefer"). Weltweit kennt man bisher erst zwei Skelette jenes Zwergdinosauriers, einen aus Bayern und einen aus Südfrankreich.

Bild auf Seite 4:

Tierwelt der Oberjurazeit vor etwa 150 Millionen Jahren,
rechts oben der Urvogel Archaeopteryx.
Bild: Gemälde von Fritz Wendler (1941–1995)
für das Buch „Deutschland in der Urzeit" (1986) von Ernst Probst

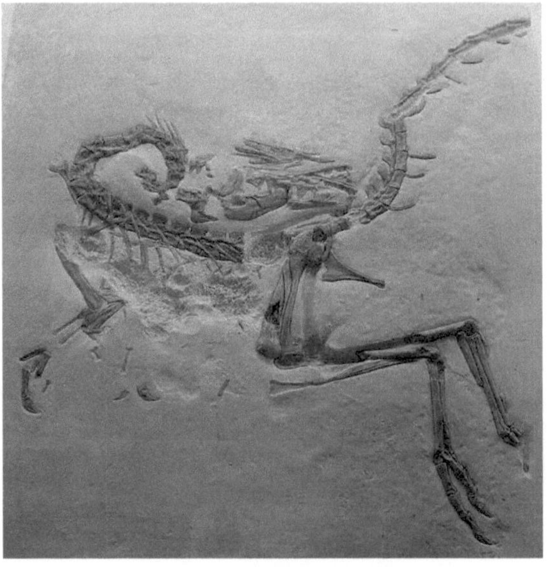

Abguss des Originalfundes von Compsognathus aus Bayern im „Oxford University Museum of Natural History“.
Foto: Ballista / CC-BY-SA3.0 (via Wikimedia Commons), lizensiert unter Creative-Commons-Lizenz by-sa-3.0-de http://creativecommons.org/licenses/by-sa/3.0/legalcode

Inhalt

Niedrigwüchsige Konifere Brachyphyllum.
Fossil im „Oxford University Natural History Museum".

Der Zwergdinosaurier Compsognathus

Vor rund 150 Millionen Jahren, in dem geologischen Zeitabschnitt, der Kimmeridge genannt und dem Oberen Jura zugeordnet wird, befand sich an der Stelle der heutigen südlichen Frankenalb eine ganz andere Landschaft. Statt sanfter Hügel, Wälder und Felspartien hätte man ein Meeresgebiet angetroffen, das einer tropischen See geglichen hätte. Zentraleuropa lag im Oberen Jura wesentlich südlicher als heute: Zwischen 25 und 30 Grad nördlicher Breite ragten am nordwestlichen Rand des Urweltmeeres Tethys kleinere und größere Inseln aus dem Meer. Im Bereich der südlichen Frankenalb hatten Algen und Schwämme riffartige Gebilde aufgebaut, zwischen denen sogenannte „Wannen" lagen, Meereslagunen, die sich vor einem weiter südlich liegenden Korallenriff erstreckten. Das Meereswasser in den Wannen war zumindest zeitweise äußerst salzhaltig und sauerstoffarm und wurde dadurch für jedes Lebewesen, das dort hineingeriet, zu einer tödlichen Falle.

Doch nicht nur die Landschaft unterschied sich sehr von dem vertrauten heutigen Bild, auch das Klima glich eher demjenigen, das wir zum Beispiel aus Indien kennen. Die meiste Zeit lag die Landschaft um die Solnhofener Lagune unter der brennenden Sonne in einem subtropischen bis tropischen Klima. Fossile Reste von Landpflanzen aus dieser Zeit stammen etwa von der niedrigwüchsigen Konifere *Brachyphyllum* oder von dem Farnsamer *Cycadopteris*. Manche der Pflanzenarten schützten sich durch eine verdickte Wachshaut (Cuticula) vor übermäßiger

Rekonstruktion des Zwergdinosauriers Compsognathus longipes. Zeichnung: Nobu Tamura / http://spinops.blogspot.com / CC-BY-SA3.0,
lizensiert unter Creative-Commons-Lizenz by-sa-3.0-en, https://creativecommons.org/licenses/by-sa/3.0/legalcode

Nobu Tamura.
Foto: Privatarchiv Nobu Tamura

Verdunstung oder speicherten Feuchtigkeit in einem fleischig verdickten Stamm (sogenannte „Stamm-Sukkulenz“). Diese Schutzvorrichtungen deuten auf ein insgesamt trocken-warmes Klima hin, bei dem auch die Temperatur des Meerwassers auf 26 Grad steigen konnte.
Nur selten wurde diese Trockenheit von monsunartigen Regenperioden unterbrochen, die mit der vorherrschenden großräumigen Luftströmung aus Südosten herangezogen kamen. Wie heute in Bangladesch oder Indien gingen diese Monsune mit Sturm, Gewitter und dem Abregnen gewaltiger Niederschlagsmengen innerhalb kurzer Zeit einher. Die dabei auftretenden Stürme und plötzlichen Flutwellen wurden den auf dem weiter nördlich gelegenen Mitteldeutschen Festland und den Inseln lebenden Tieren oft zum Verhängnis.
Eine fiktive Momentaufnahme vom oberjurassischen Strand soll dies veranschaulichen: Aus südöstlicher Himmelsrichtung aufziehende Wolkengebirge signalisierten den Beginn der monsunartigen Regenzeit. Im rosafarbenen Widerschein der aufquellenden Haufenwolken ließen sich kleine Flugsaurier von warmen Aufwinden über die Lagune tragen. Aber schon bald begannen in der dunklen Wolkenkulisse erste gelbe Blitze zu zucken, und dumpfer Donner grollte.
Diese drohenden Wetterzeichen schienen einen kleinen Dinosaurier nicht zu bekümmern, der gerade den Abhang eines sandigen Hügels heruntergelaufen kam. Er war hungrig, und so warf er unvermittelt den Kopf herum, als eine Bewegung in dem engen Graben, der zum Strand führte, sein Interesse erregte. Neugierig lief der kaum hühnergroße Raubdinosaurier auf seinen langen Hinterbeinen näher und bemerkte, dass sich eine Eidechse vor ihm unter einen flachen Stein geflüchtet hatte. Nur ihr langer Schwanz passte nicht in das Versteck. Vor Erregung über eine mögliche Beute schlug der Fleisch-

Rekonstruktion des Zwergdinosauriers Compsognathus longipes.
Zeichnung: Conty (via Wikimedia Commons),
Lizenz: gemeinfrei (Public domain)

fresser mit seinem Schwanz von einer Seite zur anderen. Im erwartungsvoll geöffneten Mund wurden kleine, scharfe Zahnreihen sichtbar. Die vermeintlich leichte Beute hatte sich aber unter dem Stein verkeilt und war nicht herauszubekommen. Wütend kratzte der Dinosaurier mit den Krallen seiner Füße an dem Stein.

Mittlerweile waren die drohenden Gewitterwolken näher gekommen. Der von ihnen ausgehende Sturm trieb eine gefährliche Flutwelle vor sich her, die sich dem Strand näherte. Diese Ereignisse bemerkte der hungrige Dinosaurier freilich nicht, da seine Aufmerksamkeit vollkommen durch die Jagd in Anspruch genommen wurde. Jetzt gelang es ihm endlich, nach mehreren vergeblichen Versuchen die zappelnde Echse mit dem Maul an ihrem langen Schwanz aus dem Versteck zu ziehen. Mit Hilfe der bekrallten Hinterfüße hielt sie der Dinosaurier nach Art heutiger Raubvögel fest und verschlang sie. Doch nun stürzte eine Riesenwelle mit weißschäumender Krone krachend auf den Strand. Der Wasserberg flutete den schmalen Graben, erfasste den kleinen Dinosaurier, riss ihn mit sich und spülte ihn in das übersalzene Wasser der Lagune. In das tiefere Wasser gerissen, ertrank er.

Nach einigen Tagen trieb die Leiche des kleinen Dinosauriers, von Fäulnisgasen aufgebläht, als Zeuge des vergangenen tragischen Geschehens an der Wasser-oberfläche. Als dann nach einiger Zeit die Gase entwichen waren, sank der Körper auf den Boden der Lagune, wurde dort in einen zähflüssigen, kalkhaltigen Schlamm eingehüllt und später von immer neuen Schlammschichten überdeckt. In diese „steinernen Leichentücher“ wurde jedes zu Boden gesunkene tote Tier gehüllt. Da in dem giftigen Wassermilieu der Lagune weder Aasfresser lebten, die sich von den Kadavern ernährten und dabei ihre Knochen verschleppten, noch Mikroorganismen die organische

Foto auf Seite 15:

„Berliner Exemplar" des Urvogels Archaeopteryx
aus der Oberjurazeit vom Blumenberg bei Eichstätt (Oberbayern).
Original im „Museum für Naturkunde" in Berlin.

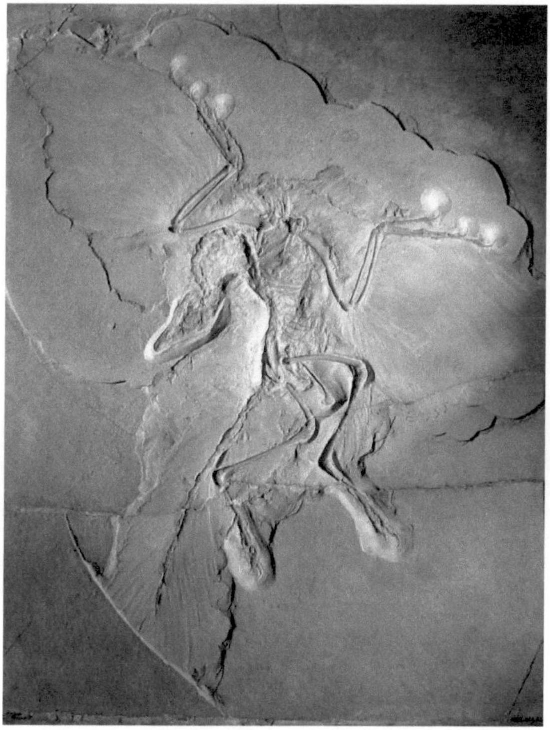

Kurzschwänziger Flugsaurier Pterodactylus elegans aus der Oberjurazeit im „Royal Ontario Museum", Toronto, Kanada. Foto: Daderot (via Wikimedia Commons), Lizenz: gemeinfrei (Public domain)

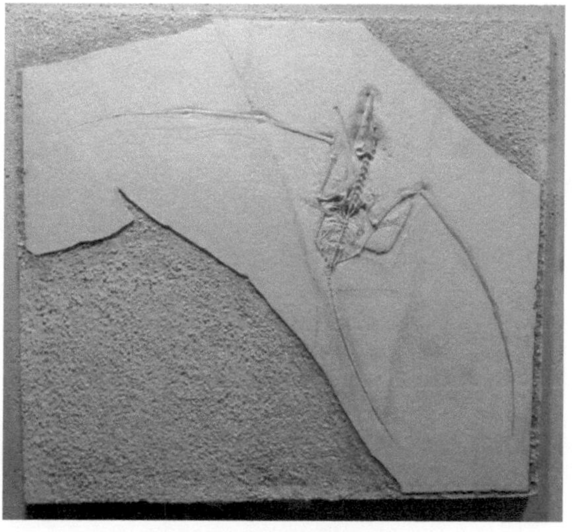

Langschwänziger Flugsaurier Ramphorhynchus gemmingi aus der Oberjurazeit im „Naturmuseum Senckenberg", Frankfurt am Main. Foto: Daderot (via Wikimedia Commons), Lizenz: gemeinfrei (Public domain)

Paläontologe und Geologe Wilhelm Dames (1843–1898).
Foto: Familienbesitz (via Wikimedia commons),
Lizenz: gemeinfrei (Public domain)

Substanz zersetzen konnten, blieb das Skelett des Zwergdinosauriers relativ vollständig und in seinem natürlichen Zusammenhang erhalten.

Nur durch so ein zufälliges Ereignis wie einen Sturm blieb einer der wenigen Bewohner des sich weiter nördlich an die Lagunen und Riffe anschließenden Festlandes aus jener Zeit fossil erhalten.

Die Gesamtlänge dieses bayerischen Zwergdinosauriers namens *Compsognathus longipes* wird oft mit etwa 70 Zentimetern angegeben. Es ist aber auch von 60, 75 oder 89 Zentimetern die Rede. Sicherlich gab es daneben noch andere Dinosaurier, von denen wir aber bis heute vermutlich noch nicht alle kennen. Neben dem kleinen *Compsognathus longipes* sind bis 2019 von der Frankenalb drei weitere Raubdinosaurier namens *Juravenator starki, Sciurumimus albersdoerferi und Ostromia crassipes*, elf Urvögel und etliche Flugsaurier in Größe von Spatzen wie *Pterodactylus elegans* bis zu Adlern wie *Pterodactylus grandis* mit einer Flügelspannweite bis zu etwa 2,50 Metern als landlebende Tiere fossil überliefert.

Der deutsche Paläontologe und Geologe Wilhelm Dames (1843–1898) machte 1884 vier Fußknochen aus den Solnhofener Plattenkalken bekannt. Jene Funde deutete der Paläontologe Friedrich von Huene (1875–1964) als einen weiteren Nachweis von *Compsognathus*. Doch der amerikanische Paläontologe John Harald Ostrom (1928–2005) widerlegte dies, weil die Knochen andere Proportionen haben als jene von *Compsognathus*. 1998 beschrieb der Paläontologe Jens Zinke 49 Zähne aus der Guimarota-Formation von Portugal als *Compsognathus*-Fund.

Bulletin der königl. Akademie d. W. 22. Nr. 69.

Gelehrte Anzeigen

der

k. bayerischen Akademie der Wissenschaften.

München. 21. December 1859.

Mathematisch-physikalische Classe.

Sitzung vom 19. November 1859.

(Schluß.)

2) Herr Dr. A. Wagner hielt einen Vortrag:

„über einige, im lithographischen Schiefer neu aufgefundene Schildkröten und Saurier.“

Er schilderte zuerst die Verwandtschaftsverhältnisse, die zwischen den fossilen Schildkröten der Juraformation und den lebenden bestehen und charakterisirte dann 2 neue Formen als Eurysternum crassipes und Euryaspis radians. Von Sauriern führte er 2 neue Formen auf: Anguisaurus Münsteri und Compsognathus longipes. Erstere Gattung hatte zwar schon Graf Münster in einer kurzen Notiz charakterisirt, aber sehr unrichtig, indem sie weder einen schlangenähnlichen Kopf besitzt, noch bloß zweifüßig ist. Im Gegentheil sind alle 4 Füße vorhanden, wenn auch von auffallender Kürze. Die andere Gattung, Compsognathus, gehört zu den merkwürdigsten Formen unter den Eidechsen, indem die Gliedmassen nicht bloß erheblich entwickelt, sondern auch die hintern doppelt so lang als die vordern sind, überdieß der Hals ebenfalls sehr lang und nach Art eines Vogels biegsam ist. (Dieser Vortrag ist zur Aufnahme in die akademischen Abhandlungen bestimmt.)

3) Herr Professor Dr. Vogel jun. trug vor:

1) „Ueber das Entfärben der Farbstoffe.“

Es ist eine bekannte Thatsache, daß ausgepreßte Pflanzensäfte sich an der Luft nach und nach entfärben. Die Entfärbung rührt von der reducirenden Wirkung des in den Pflanzensäften befindlichen Traubenzuckers her, wahrscheinlich unter gleichzeitig desoxydirendem Einfluß des aus den Proteinstoffen entwickelten Ammoniaks. Dieß hat mich zu einigen Versuchen veranlaßt, mehrere Farbstoffe durch absichtlich zugesetzten Traubenzucker zu entfärben. Zu diesen eignen sich ganz besonders der Indigo, dessen Entfärbung durch Traubenzucker schon bekannt ist und die Lacmustinktur.

Bringt man in Lacmustinktur etwas Traubenzucker, so beginnt nach kurzer Zeit die Entfärbung, so daß nach 24 Stunden ungefähr die blaue Farbe völlig verschwunden ist. Noch schneller geht die Entfärbung vor sich, wenn man die Lösung des Traubenzuckers in Lacmustinktur über der Lampe erhitzt. Sie tritt alsdann sogleich ein, so daß dieser Versuch sehr wohl zu einem Vorlesungsversuch dienen kann, um die entfärbende Wirkung des Traubenzuckers nachzuweisen.

Das Entfärben der Farbstoffe betreffend will ich hier nur als vorläufige Notiz bemerken, daß hiezu der frisch gestochene Torf als ein sehr geeignetes Mittel erscheint. Man hat nur nöthig, eine gefärbte Flüssigkeit mit Torf zu schütteln, wodurch beim Erwärmen sogleich eine vollständige Entfärbung eintritt. Zufolge meiner Versuche stehen einige Torfsorten ihrem Trockengewichte nach der entfärbenden Kraft der Blutkohle kaum nach. Auch präparirter und getrockneter Torf eignet sich im gepulverten Zustande zum Entfärben,

XLIX. 69

„Gelehrte Anzeigen der k. bayerischen Akademie der Wissenschaften“ vom 21. Dezember 1859

Die Entdeckung und Erforschung von *Compsognathus*

Als mutmaßlicher Fundzeitpunkt für *Compsognathus* gilt der Sommer 1859. In der Literatur ist teilweise auch von 1858 die Rede. Im Herbst 1859 vertraute der in Kelheim an der Donau wirkende Gerichtsarzt und Fossiliensammler Joseph Oberndorfer (1802–1873) dem Münchner Paläontologen Andreas Wagner (1797–1861) den Saurier vermutlich gleichzeitig mit einer fossilen Schildkröte zur wissenschaftlichen Untersuchung an. Die Schildkröte wurde 1859 von Wagner als *Palaeomedusa testa* (heute: *Eurysternum crassipes)* bezeichnet.
Wagner hielt am 19. November 1859 in der Sitzung der „Mathematisch-physicalischen Classe der Königlich-Bayerischen Akademie der Wissenschaften“ einen Vortrag „über einige, im lithographischen Schiefer neu aufgefundene Schildkröten und Saurier“. Darüber erschien am 21. Dezember 1859 in „Gelehrte Anzeigen der k. bayerischen Akademie der Wissenschaften“ eine kurze Notiz mit der Überschrift „Herr Dr. A. Wagner hielt einen Vortrag: „über einige, im lithographischen Schiefer neu aufgefundene Schildkröten und Saurier“. Darin wurde ein neuer Saurier namens *Compsognathus longipes* mit wenigen Worten beschrieben: „Compsognathus gehört zu den merkwürdigsten Formen unter den Eidechsen, indem die Gliedmassen nicht bloß erheblich entwickelt, sondern auch die hintern doppelt so lang als die vordern sind, überdieß der Hals ebenfalls sehr lang und nach Art eines Vogels biegsam ist“.
Eine ausführliche Beschreibung von *Compsognathus longipes* durch Andreas Wagner erfolgte 1861 in den „Abhandlungen der Königlich-Bayerischen Akademie“ mit einer Tafelabbildung. Wagner schrieb über die Fundumstände“: „Herr Dr. Oberndorfer ist in neuerer Zeit so glücklich gewesen, in dem lithographischen Schiefer von Kelheim abermals einen Saurier

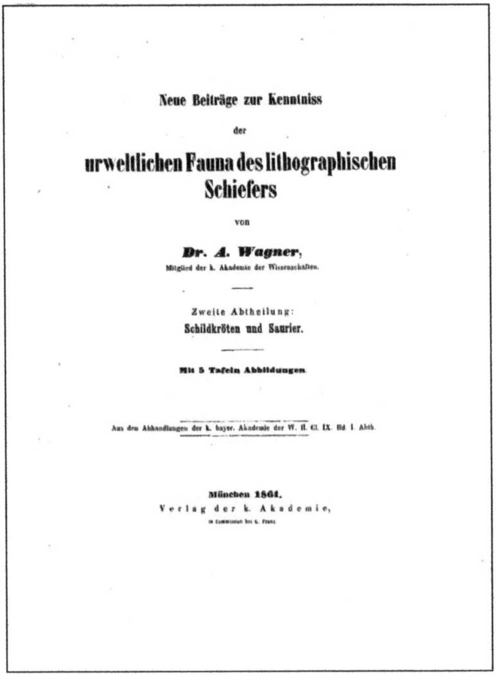

Neue Beiträge zur Kenntniss

der

urweltlichen Fauna des lithographischen Schiefers

von

Dr. A. Wagner,

Mitglied der k. Akademie der Wissenschaften.

Zweite Abtheilung:

Schildkröten und Saurier.

Mit 5 Tafeln Abbildungen.

Aus den Abhandlungen der k. bayer. Akademie der W. II. Cl. IX. Bd. I. Abth.

München 1861.

Verlag der k. Akademie,

in Commission bei G. Franz.

Ausführliche Beschreibung von Compsognathus longipes durch Andreas Wagner in „Neue Beiträge zur Kenntnis der urweltlichen Fauna des lithographischen Schiefers. II: Schildkröten und Saurier. V. Compsognathus longipes Wagner. Abhandlungen der königlich bayerischen Akademie der Wissenschaften" (1861)

unsere Schildkröte nicht mehr bei Acichelys belassen, weil ihre Nacken- und Rippenplatten eine andere Form besitzen, ihr hinteres Ende nicht ausgeschnitten und der Panzer ziemlich stark gewölbt ist. Mit Platychelys kann sie indess auch nicht verbunden werden, schon desshalb nicht, weil ihr Rand nicht gezackt und die Wirbelplatten sehr differiren. An Idiochelys kann noch weniger gedacht werden und somit bleibt von unsern einheimischen jurassischen Schildkrötengattungen nur noch Euryaspis über, mit der sie wenigstens die gleichförmige Wölbung des Panzers und den ungezackten Rand theilt. Diess der Grund, warum ich sie jetzt als Euryaspis? approximata bezeichne.

V. Compsognathus longipes Wagn.

Tab. 3.

Herr Dr. Oberndorfer ist in neuerer Zeit so glücklich gewesen in dem lithographischen Schiefer von Kelheim abermals einen Saurier aufzufinden, durch welchen eine sehr ausgezeichnete neue Gattung repräsentirt wird, der ich den Namen Compsognathus (κομψός, zierlich, γνάθος, Kiefer) beilege. Es ist zu bedauern, dass dieses Skelet an manchen Stellen stark beschädigt ist; auch hat es nicht mehr seine natürliche Stellung, indem Hals und Schädel rückwärts bis zum Anfang des Schwanzes gekrümmt sind und die beiden hintern Gliedmassen neben und aufeinander gelagert sind, wie diess auch wieder mit den vordern der Fall ist.

Der Schädel zeigt eine sehr zierliche, schlanke, langgestreckte Form und übertrifft in dieser Beziehung noch den Monitor; er scheint aber schon vor der Umhüllung durch das Gestein bereits im macerirten Zustande sich befunden zu haben, indem seine einzelnen Knochen zum Theil wirr durcheinander liegen, zum Theil abgebrochen oder verschoben sind. Was sich mit grösserer oder geringerer Sicherheit über ihn aus-

Eschenbach in der Oberpfalz,
der Geburtsort des Gerichtsarztes und Fossiliensammlers
Joseph Oberndorfer (1802–1873).
Zeichnung aus Pleickhard Stumpf (1807–1877):
„Bayern: ein geographisch-statistisch-historisches Handbuch
des Königreiches", München 1852

aufzufinden, durch welchen eine sehr ausgezeichnete neue Gattung repräsentiert wird, der ich den Namen *Compso-gnathus* beilege ...
Die im Vorstehenden beschriebene Eidechse, der ich den Namen *Compsognathus longipes* beilegte, ist eine höchst ausgezeichnete Form. Was sie besonders charakterisiert, ist der langgestreckte schmächtige Schädel mit langem dünnen Schnauzentheil, der überaus lange und nach Art eines Vogels bogenförmig krümmbare Hals, die kurzen Vorderbeine, die nur halb so lang sind als die hintern, die überaus langen Unterschenkel, die dreimal so lang sind als der Vorderarm, mit gleichfalls sehr langen und dabei kräftigen Hinterfüßen, die eigenthümlichen Sitzbeine und der robuste und dabei, allem Anscheine nach, sehr lange Schwanz. Durch diese Merkmale ist die neue Gattung wesentlich von allen anderen verschieden, mögen sie aus dem lithographischen Schiefer oder aus anderen Formationen herstammen. Dass sie in manchen Stücken an die Flugechsen erinnert, ist schon in der Beschreibung angedeutet worden; eine nähere Verwandtschaft zwischen beiden besteht aber nicht".

Der Gerichtsarzt und Fossiliensammler Joseph Oberndorfer

Joseph Oberndorfer kam am 22. Dezember 1802 als erster Sohn eines Metzgers in Eschenbach in der Oberpfalz zur Welt. 2017 schilderte der Münchener Paläontologe Markus Moser in der „Zitteliana" ausführlich das Leben und Wirken von Oberndorfer. Daraus stammen die nachfolgenden Daten und Fakten. Oberndorfer besuchte das Königliche Gymnasium in Stadtamhof bei Regensburg und das Lyzeum der Königlichen Studienanstalt in München und studierte ab 1823 an der Phi-

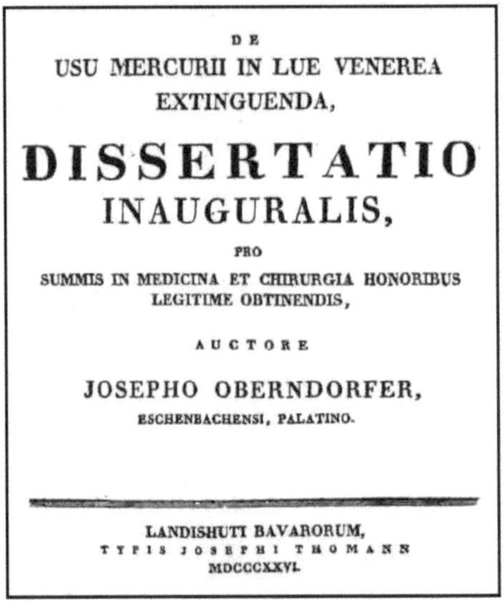

DE

USU MERCURII IN LUE VENEREA EXTINGUENDA,

DISSERTATIO

INAUGURALIS,

PRO

SUMMIS IN MEDICINA ET CHIRURGIA HONORIBUS LEGITIME OBTINENDIS,

AUCTORE

JOSEPHO OBERNDORFER,

ESCHENBACHENSI, PALATINO.

LANDISHUTI BAVARORUM,

TYPIS JOSEPHI THOMANN

MDCCCXXVI.

Doktorarbeit von Joseph Oberndorfer
über den Gebrauch des Quecksilbers
zur Austreibung der Syphillis aus dem Jahre 1925.
Abbildung aus Markus Moser (2017):
Der Sammler Dr. Joseph Oberndorfer
und seine Fossilien-Sammlung –
ein Beitrag zur Geschichte der Paläontologie in Bayern
und zur Frage der Fundorte im Raum Kelheim.
Zitteliana 90, S. 55–142, München.

losopischen Fakultät der Ludwig-Maximilians-Uni-versität zu Landshut. 1925 promovierte er mit einer Doktor-arbeit über den Gebrauch des Quecksilbers zur Austreibung der Syphillis. Von 1829 bis 1834 arbeitete Dr. Oberndorfer als praktischer Art in Stadtamhof bei Regensburg und von 1834 bis 1870 als Landgerichtsarzt in Kelheim.

1840 heirateten Joseph Oberndorfer und Josephine Haindl (1821–1880), die Tochter eines Forstverwalters. 1847 und 1848 besuchte der Maler und Radierer Ferdinand von Lütgendorff (1785–1858) aus Würzburg die Gegend von Kelheim. Dort zeichnete und malte er bezahlte Porträts besser gestellter Personen und reizvolle Landschaftsbilder. Von Joseph Oberndorfer und seiner Ehefrau Josephine fertigte er Porträts an. Für Dr. Oberndorfer stellte er am 2. August 1848 auch eine „Tuschzeichnung nach der Natur" von einem „versteinerten Tier" an. Es ist nicht bekannt, wo diese drei Darstellungen verblieben sind. König Ludwig I. von Bayern (1786–1868) verlieh Dr. Oberndorfer am 1. Januar 1860 für sein 25-jähriges Dienstjubiläum als Landgerichtsarzt das „Ritterkreuz erster Classe des Verdienstordens vom heiligen Michael". Die Ehe der Oberndorfers blieb kinderlos. 1862 nahm das Ehepaar die 1857 geborene Nichte Anna Haindl als Pflegetochter auf. Deren Mutter war im April 1860 gestorben.

Dr. Oberndorfer galt im 19. Jahrhundert als renommierter Fossiliensammler. Seine Funde stammten aus Plattenkalken der Oberjurazeit und Grünsandsteinen der Kreidezeit bei Kelheim. Laien und Fachleuten zeigte er gerne seine Fossilien. Großzügig stellte er seine Funde zur wissenschaftlichen Bearbeitung zur Verfügung. Zu den Wissenschaftlern, die sich mit Fossilien aus seiner Sammlung befassten, gehörten Georg Graf zu Münster (1776–1844), Hermann von Meyer (1801–1869), Friedrich August Quenstedt (1809–1889), Andreas Wagner (1797–1861),

Maler und Radierer Ferdinand von Lütgendorff (1785–1858).
Ölgemälde von 1832 in der „Slowakischen Nationalgalerie".
Foto: (via Wikimedia commons), Lizenz: gemeinfrei (Public domain)

Albert Oppel (1831–1865), Karl Alfred von Zittel (1839–1904), Max Schlosser (1854–1932) und Georg Boehm (1854–1913). Befreundete Forscher benannten von ihnen erstmals be-schriebene Arten nach Oberndorfer. Andreas Wagner ehrte Oberndorfer mit der Fischart *Histionotus oberndorferi*, Hermann von Meyer mit den Schildkrötenarten *Aplax oberndorferi* und *Platychelis oberndorferi* sowie mit der Krokodilart *Atoposaurus oberndorferi*.

Oberndorfer hat sich mehrfach von Fossilien und Antiquitäten getrennt. Ein größerer Verkauf erfolgte 1863 an das „Teylers Museum" in Haarlem (Niederlande) und an das „Britische Museum" in London. Ersteres erwarb Originale, letzteres Abgüsse von Fossilien. Anfang Mai 1865 verkaufte Oberndorfer den Rest seiner umfangreichen Fossiliensammlung für 7.000 Gulden an die „Paläontologische Staatssammlung" in München, was seine Geldsorgen behob. Auf Fürsprache des Kultusministers ernannte König Ludwig II. von Bayern (1845–1886) am 6. Mai 1865 Dr. Oberndorfer zum „Königlichen Hofrath".

Weil er seit mehreren Jahren an anomaler Gicht und zeitweise eintretenden „Gehirncongestionen" litt, stellte Oberndorfer am 21. Juni 1866 einen Antrag auf Frühpensionierung. Dieser Antrag wurde bewilligt, aber Oberndorfer sollte noch drei Jahre einen Nachfolger einarbeiten. Tatsächlich ging er wegen abgebrochener Nachfolge noch vier Jahre lang in Kelheim einer amtsärztlichen und privatärztlichen Tätigkeit nach. Am 8. November 1870 zog die Familie Oberndorfer nach München, wohnte zunächst im Hotel „Bamberger Hof", ab 24. November 1870 in einer Wohnung im zweiten Stock in der Schillerstraße 37 und ab Mai 1872 in einer Wohnung im zweiten Stock in der Bayerstraße 24.

Am 7. Januar 1873 nachts um 2.15 Uhr starb Joseph Oberndorfer nach langer Krankheit im Alter von 70 Jahren in Mün-

*Wissenschaftler,
die sich mit Fossilien
aus der Sammlung
von Joseph Oberndorfer befassten,
sind auf den Seiten
30 und 31 abbgebildet*

*Georg Graf zu Münster
(1776–1844)*

*Hermann von Meyer
(1801–1869)*

*Friedrich August Quenstedt
(1809–1889)*

Albert Oppel
(1831–1865)

Karl Alfred von Zittel
(1839–1904)

Max Schlosser
(1854–1932)

Unterschrift von
Joseph Oberndorfer

Todesanzeige.

Gott dem Allmächtigen hat es gefallen, unsern theuren, unvergeßlichen Gatten, Bruder, Onkel, Großonkel, Schwager und Vetter,

Herrn

Dr. med. Joseph Oberndorfer,

k. Hofrath und quiesc. Bezirksarzt 1. Classe, Ritter des Verdienstordens vom heil. Michael I., Mitglied mehrerer wissenschaftlicher Vereine,

nach langjährigem Leiden im 71. Lebensjahre, versehen mit allen heil. Sterbesakramenten heute Nacht 2 ¾ Uhr zu sich abzurufen.

Wer den Charakter des Verblichenen kannte, wird unsern Schmerz zu würdigen wissen.

München, den 7. Januar 1873.

Die tieftrauernde Wittwe:
Josefine Oberndorfer, geb. Haindl,
im Namen der übrigen Verwandten.

Die Beerdigung ist Donnerstag den 9. ds. Nachmittags 3 Uhr vom südl. (alten) Leichenhause aus, der Gottesdienst Freitag den 10. ds. Vormittags 9 Uhr in der St. Bonifaziuspfarrkirche.

Todesanzeige für Dr. Joseph Oberndorfer
in „Münchner Neueste Nachrichten
aus dem Gebiete der Politik“
vom 8. Januar 1873.
Abbildung aus Markus Moser (2017):
Der Sammler Dr. Joseph Oberndorfer
und seine Fossilien-Sammlung –
ein Beitrag zur Geschichte der Paläontologie in Bayern
und zur Frage der Fundorte im Raum Kelheim.
Zitteliana 90, S. 55–142, München.

chen Begraben wurde er auf dem Alten Südfriedhof (Zentralfriedhof) südlich des Sendlinger Tores. In wissenschaftlichen Kreisen nahm man von seinem Tod kaum Notiz. Sein Grab mit einem Grabstein aus Kelheimer Kalkstein wurde zu einem unbekannten Zeitpunkt aufgelöst.

Der Paläontologe Andreas Wagner

Andreas Wagner erkannte in seinen Beschreibungen von 1859 und 1861 nicht, dass es sich bei *Compsognathus longipes* um einen Dinosaurier handelte, er bezeichnete ihn als Eidechse. Die geringe Größe und Zartheit des Körperbaus mögen zu dieser Fehldeutung beigetragen haben. Die damals schon bekannten Echsen des Erdmittelalters wie *Megalosaurus* („Große Echse"), *Iguanodon* („Leguan-Zahn") oder *Hylaeosaurus* („Wald-Echse") waren wegen ihrer enormen Größe zur Gruppe der Dinosaurier zusammengefasst worden, wie sollte da ein gerade hühnergroßes Reptil mit zartem Knochenbau dazupassen?
Der am 21. März 1797 in Nürnberg geborene Andreas Wagner hatte in Erlangen studiert, dort 1826 promoviert und sich in Würzburg habilitiert. Ab 1832 war er Adjunkt der „Zoologischen Staatssammlung" in München, später zweiter Konservator der „Zoologischen Staatssammlung". 1835 wurde er außerordentliches und 1842 ordentliches Mitglied der „Bayerischen Akademie der Wissenschaften". Wagner hatte gute Kontakte zu dem Arzt und Fossiliensammler Joseph Oberndorfer in Kelheim. Er durfte über viele Fossilien aus Oberndorfers Sammlung Erstbeschreibungen verfassen und der Arzt vertraute ihm Raritäten zur Untersuchung an. Im Herbst 1852 hat der Paläontologe Wagner den Arzt Oberndorfer in Kelheim besucht. Dabei erhielt er die Erlaubnis für eine Beschreibung

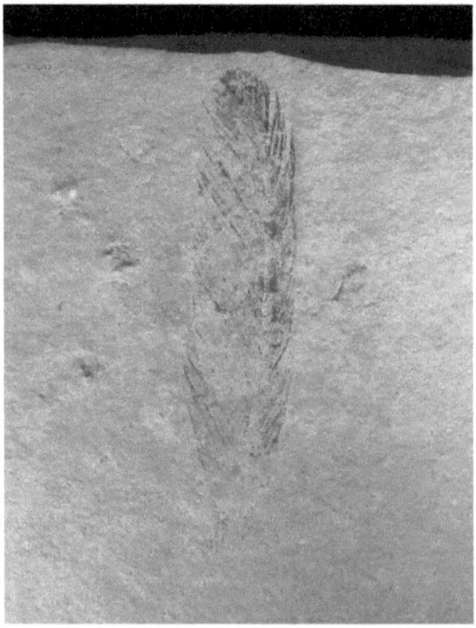

1860 im Gemeindesteinbruch von Solnhofen entdeckte,
etwa 6 Zentimeter lange Feder,
die 1861 den Artnamen Archaeopteryx lithographica erhielt.
2019 hieß es, diese Feder stamme vermutlich nicht
von einer Archaeopteryx, sondern von einem anderen Urvogel
oder einem Dinsaurier mit Federn.
Foto: H. Raab (User Vesta) / CC-BY-SA3.0
(via Wikimedia Commons,)

eines bei Sprengarbeiten in der Kelheimer Gegend in viele Trümmer zerlegten Ichthyosaurier-Skeletts und durfte das ganze Material für einen Vergleich mit anderen Ichthyosauriern mit nach München nehmen.

Wagner war ein Anhänger der biblischen Schöpfungsgeschichte und Gegner des Darwinismus. Als Darwinismus bezeichnete man die von dem englischen Naturforscher Charles R. Darwin begründete Lehre über die Entstehung der Arten. Laut Darwinismus führt die zu große Nachkommenzahl der Lebewesen zu einem Konkurrenzkampf, („Kampf ums Dasein"), bei dem nur die jeweils am besten angepassten überleben. Wagner lehnte auch die Interpretation des 1861 im Ottmannschen Steinbruch auf der Langenaltheimer Haardt nahe Solnhofen entdeckten Urvogels *Archaeopteryx lithographica* als Übergangsform von Reptilien zu Vögeln ab. Den Namen *Archaeopteryx lithographica* hatte 1861 Hermann von Meyer bereits für die 1860 im Gemeindesteinbruch von Solnhofen entdeckte, etwa 6 Zentimeter lange Feder vorgeschlagen. *Archaeopteryx* heißt „alte Feder" und *lithographica* beruht darauf, dass das Solnhofener Gestein hervorragend für die Lithographie (Steindruck) geeignet ist. Der Artname *Archaeopteryx lithographica* wurde auch für später gefundene Urvogel-Skelette übernommen.

Andreas Wagner gehörte zu den Kaufinteressenten des 1861 auf der Langenaltheimer Haardt von Steinbrucharbeitern geborgenen kleinen Wirbeltieres ohne Kopf. Das Besondere an diesem Fossil waren gut erkennbare Vogelfeder-Abdrücke, zwei Flügel und eine langer mit Federn bekleideter Schwanz. Diese Rarität erwarb der Kreisarzt Dr. Carl Friedrich Häberlein (1787–1871) in Pappenheim und bot sie zum Kauf an. Wagner schickte im Herbst 1861 seinen Assistenten Albert Oppel nach Pappenheim, der dort den spektakulären Fund besichtigte.

Kopie des Londoner Exemplars" des Urvogels Archaeopteryx. Foto: LadyofHats (via Wikimedia Commons), Lizenz: gemeinfrei (Public domain)

Dr. Carl Friedrich Häberlein (1787–1871)

Oppel prägte sich bei einer stundenlangen Betrachtung alle Einzelheiten des Fossils so gut ein, dass er hinterher aus seiner Erinnerung eine frappierend naturgetreue Zeichnung entwerfen konnte. Aufgrund dieser Skizze veröffentlichte Wagner eine Mitteilung über den Funde auf der Langenaltheimer Haardt und nannte ihn *Griphosaurus* („Rätselechse"). Für Wagner war dies lediglich ein Kriechtier, die Federn sah er nur als Zierrat an. Andreas Wagner starb am 17. Dezember 1861 im Alter von 64 Jahren in München.

Am 26. August 1862 nahm Dr. Häberlein das Angebot des „Britischen Museums" in London an, welches das gefiederte Fossil und einen Teil seiner Sammlung für 450 Pfund kaufen wollte. Die Kisten mit dem ersten Teil der Fossilien mitsamt *Archaeopteryx* wurden am 13. September 1862 in Augsburg abgeschickt und trafen am 1. Oktober 1862 wohlbehalten in London ein. Der aufsehenerregende Fossilfund von 1861 wird heute als „Londoner Archaeopteryx" oder „Londoner Exemplar" bezeichnet. Im Folgejahr 1863 wechselte der Rest der Sammlung von Häberlein für 250 Pfund den Besitzer.

Doch nun zurück zum Zwergdinosaurier *Compsognathus*. Bereits 1868 vermutete der englische Biologe Thomas Huxley (1825–1895), *Compsognathus longipes* sei eng mit den Dinosauriern verwandt. 1896 erkannte der amerikanische Paläontologe Othniel Charles Marsh diese Art als Dinosaurier an.

Andreas Wagner erwähnte in seiner ausführlichen Beschreibung des *Compsognathus longipes* von 1861 in den „Abhandlungen der königlich bayerischen Akademie der Wissenschaften" den lithographischen Schiefer von Kelheim als Fundort. Diese Angabe wurde später von anderen Forschern im 19. Jahrhundert übernommen. Auf dem vom Entdecker Joseph Oberndorfer eigenhändig geschriebenen Etikett steht: „Compsognathus longipes Wagner. Neue Eidechsen Species aus dem lithographischen

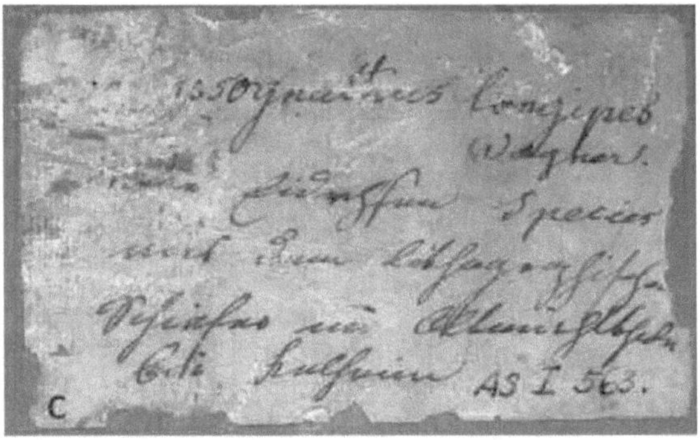

Auf dem von Joseph Oberndorfer
eigenhändig geschriebenen Etikett steht zu lesen:
„Compsognathus longipes Wagner.
Neue Eidechsen Species aus dem lithographischen Schiefer
im Altmühlthale bei Kelheim".
Die Inventarnummer „AS I 563" wurde erst
nach dem „Zweiten Weltkrieg" auf dem Etikett beigefügt.
Abbildung aus Markus Moser (2017):
Der Sammler Dr. Joseph Oberndorfer
und seine Fossilien-Sammlung –
ein Beitrag zur Geschichte der Paläontologie in Bayern
und zur Frage der Fundorte im Raum Kelheim.
Zitteliana 90, S. 55–142, München.

Gedrucktes Ausstellungs-Etikett für Compsognathus longipes um 1900.
Der gedruckte Text lautet: „Compsognathus longipes. Wagn.
(Orig. Ex. z. Wagn. Abh. Bd. IX, T. 3)
Lithograph. Schiefer. Jachenhausen, Oberpfalz.
Handschriftlich steht oben als Inventarnummer „No. AS I 563".
Dieses gedruckte Etikett ist in einer Abhandlung des Paläontologen
Friedrich von Huene von 1901 zu sehen.
Abbildung aus Markus Moser (2017):
Der Sammler Dr. Joseph Oberndorfer
und seine Fossilien-Sammlung –
ein Beitrag zur Geschichte der Paläontologie in Bayern
und zur Frage der Fundorte im Raum Kelheim.
Zitteliana 90, S. 55–142, München.

Vogelähnlicher Raubdinosaurier (Ostromia crassipes)
von Jachenhausen bei Riedenburg (Bayern)
im „Teylers Museum" in Haarlem (Niederlande).
1857 wurde dieses Fossil als Flugsaurier (Pterodactylus crassipes)
und ab 1970 als „Haarlemer Exemplar"
des Urvogels Archaeopteryx lithographica fehlgedeutet.
Foto: MWAK (via Wikimedia Commons),
Lizenz: gemeinfrei (Public domain)

Schiefer im Altmühlthale bei Kelheim". Die Inventarnummer „AS I 563" wurde erst nach dem Zweiten Weltkrieg auf dem Etikett beigefügt.

Aber in einer Abhandlung des Paläontologen Friedrich von Huene von 1901 ist ein Foto des *Compsognathus longipes* zu sehen, auf dem das gedruckte Ausstellungs-Etikett gut erkennbar ist. Darauf kann man als Fundort „Jachenhausen" lesen, das von Kelheim etwa 20 Kilometer entfernt ist. Von einem Steinbruch in Jachenhausen bei Riedenburg stammt ein 1855 geborgenes Fossil, das 1860 an „Teylers Museum" in Haarlem (Niederlande) verkauft und mehrfach umgedeutet wurde. Hermann von Meyer deutete 1857 den Fund als Flugsaurier *(Pterodactylus crassipes)*. John H. Ostrom betrachtete 1970 das Fossil als Urvogel *(Archaeopteryx lithographica)*. Oliver Rauhut und Christian Foth identifizierten das Fossil als vogelähnlichen Raubdinosaurier und verliehen ihm 2017 den neuen Artnamen *Ostromia crassipes*.

Mit dem *Compsognathus*-Fund von 1859 lag erstmals in der Geschichte der Paläontologie ein vollständiges Dinosaurierskelett vor. Bis zu diesem Zeitpunkt waren überwiegend einzelne Knochen, Schädel und isolierte Zähne gefunden worden. Bis in unsere Tage hat *Compsognathus* seine Stellung als einer der besterhaltenen Klein-Raubdinosaurier weltweit halten können. Die Steinplatte mit seinem Skelett ist seit 1866 im „Paläontologischen Museum" in München zu bewundern.

Ein *Compsognathus* aus Südfrankreich

1971 wurde in einem Kalksteinbruch von Canjuers bei Nizza in Südfrankreich ein zweites *Compsognathus*-Skelett aus der Oberjurazeit vor ungefähr 150 Millionen Jahren gefunden. Bei ihm scheint es sich ebenfalls um die Art *Compsognathus longipes*

Steinbruch in Canjuers bei Nizza in Südfrankreich, in dem 1871 Compsognathus corallestris entdeckt wurde. Foto: Michael Royon (user Royonyx) / CC-BY-SA3.0 (via Wikimedia Commons), lizensiert unter Creative-Commons-Lizenz by-sa-3.0, https://creativecommons.org/licenses/by-sa/3.0/legalcode

Zwergdinosaurier Compsognathus corallestris aus Canjuers bei Nizza in Südfrankreich.
Foto: Michael Royon (user Royonyx) / CC-BY-SA3.0 (via Wikimedia Commons),
lizensiert unter Creative-Commons-Lizenz by-sa-3.0, https://creativecommons.org/licenses/by-sa/3.0/legalcode

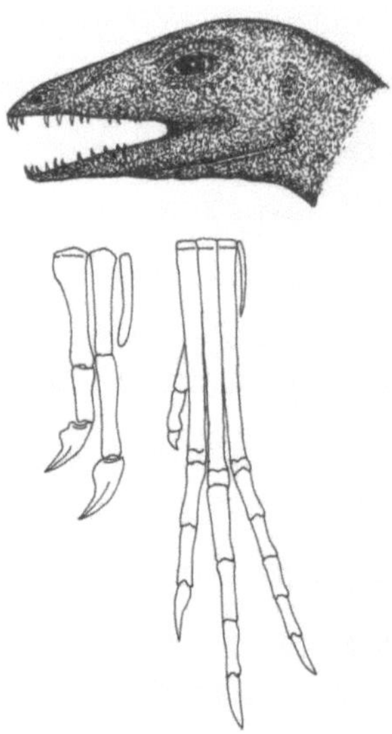

Zeitweise glaubte man,
Compsognathus longipes habe nur zwei bekrallte Finger besessen.
Zeichnung aus „Dinosaurier in Deutschland" (1993)
von Ernst Probst und Raymund Windolf.
Oben der 7,5 Zentimeter lange Kopf von Compsognathus longipes,
unten die zweifingrige Hand
und das vogelähnliche Fußskelett

wie in Bayern zu handeln. Dieses Fossil ist allerdings mit einer Länge zwischen 1,05 und 1,25 Meter deutlich größer als das ungefähr 70 Zentimeter lange bayerische Exemplar. Im Folgejahr nach der Entdeckung wurde der Fund aus Südfrankreich von drei Wissenschaftlern mit einem neuen Artnamen belegt.

Der Fund aus Canjuers besteht aus zwei Platten. Auf einer davon liegen der Schädel und das Restskelett bis zum siebten Schwanzwirbel, auf der anderen die Schwanzwirbel 9 bis 31. Das hintere Ende des Schwanzes und einige Handknochen fehlen. Wie beim bayerischen *Compsognathus*-Fund entdeckte man auch im Bauch des französischen Fossils Nahrungsreste. Sie stammten von unbestimmten Echsen oder Brückenechsen.

Nach der Entdeckung blieb das Fossil zunächst im Privatbesitz der Familie Ghirardi, den Eigentümern der Kalksteinbrüche in Canjuers.

Die Paläontologen Alain Bidar, Louis Demay und Gérard Thome beschrieben 1972 den französischen Raubdinosaurier-Fund als zweite Art der Gattung *Compsognathus,* die sie *Compsognathus corallestris* nannten. Angeblich unterschied sich *Compsognathus corallestris* durch seine Größe und durch eine vermeintlich flossenartige, wahrscheinlich mit Schwimmhäuten ausgestattete Hand von *Compsognathus longipes.* Doch der amerikanische Paläontologe John H. Ostrom wies nach, dass das französische Exemplar mit dem deutschem bis auf die Größe identisch ist.

An dem französischen Fossil konnte man klar erkennen, dass die Hände von *Compsognathus* drei kräftige Finger besaßen. Die Hände des deutschen *Compsognathus* sind nur unvollständig erhalten, weshalb man zeitweise von nur zwei bekrallten Fingern ausging.

Der britische Paläontologe Lambert B. Halstead (1933–1991)

Professor Franz Xaver Mayr (1887–1974).
Foto: Jura-Museum Eichstätt

beschrieb 1975 in seinem Buch „The Evolution and Ecology of the Dinosaurs" *Compsognathus corallestris* als einen amphibisch lebenden Dinosaurier, der Beutetiere im Wasser jagte und vor größeren Raubdinosauriern flüchtete, indem er im Wasser weit davon schwamm. Diese Theorie wurde von anderen Autoren abgelehnt. 1983 erwarb das „Muséum national d'histoire naturelle" in Paris den *Compsognathus*-Fund aus Canjuers von der Familie Ghirardi, den Eigentümern des Kalksteinbruches. Die Paläontologen George Callison und Helen M. Quimby identifizierten 1984 den kleineren in Deutschland entdeckten *Compsognathus* als Jungtier der gleichen Art.
Trotz des französischen Fundes von Canjuers bei Nizza bleibt das deutsche C*ompsognathus*-Exemplar einer der wichtigsten Dinosaurierfunde. Abgesehen von seiner für einen Dinosaurier beachtlichen Kleinheit ist es auch wegen seiner Vollständigkeit einzigartig. Daneben kann noch eine weitere Reihe von Gründen für seine Bedeutung angeführt werden. So glaubte man, an ihm Einzelheiten wie einen Hautpanzer, Muskelabdrücke, ja sogar einen Embryo im Leib oder dazugehörige Eier zu erkennen.

Zwei Urvögel als Zwergdinosaurier verkannt

Auch die lange Zeit vermutete nahe Verwandtschaft des Zwergdinosauriers *Compsognathus* mit dem zeitgleich lebenden Urvogel A*rchaeopter*yx („Alte Feder") rückte den Fund aus dem Altmühltal in das Licht des öffentliches Interesses. Zwei der bisher bekannten Ar*chaeopter*yx-Exemplare wurden sogar lange Zeit als *Compsognathu*s fehlgedeutet. Nämlich das „Eichstätter Exemplar" und das „Solnhofener Exemplar".
Der Steinbruchbesitzer Xaver Frey (1896–1965) entdeckte 1951

Das „Eichstätter Exemplar" des Urvogels Archaeopteryx aus einem Steinbruch auf der Petershöhe bei Workerszell unweit von Eichstätt wurde zeitweise als Compsognathus verkannt.
Foto: H. Raab (User Vesta) / CC-BY-SA3.0 (via Wikimedia Commons), lizensiert unter Creative-Commons-Lizenz by-sa-3.0, https://creativecommons.org/licenses/by-sa/3.0/legalcode

in seinem Steinbruch auf der Petershöhe bei Workerszell unweit von Eichstätt (Oberbayern) ein kleines fossiles Skelett, das auf mehreren Plattenbruchstücken überliefert war. Frey hielt dieses Fossil für einen Flugsaurier wie *Rhamphorhynchus*. Im März 1951 bot Frey seinen Fund dem Leiter der Naturwissenschaftlichen Sammlungen des Bischöflichen Seminars in Eichstätt, Professor Franz Xaver Mayr (1887–1974), zum Kauf an. Ihm erschien dieses Fossil zunächst wie ein kleines Reptil ähnlich dem Raub-dinosaurier *Compsognathus*. Nach dem Tod des Steinbruchbe-sitzers einigte sich Professor Mayr mit dessen Familie darüber, dass der wissenschaftlich wertvolle Fund „nicht Gegenstand finanzieller Spekulationen werden, sondern der Eichstätter Heimat erhalten bleiben und in dem geplanten Museum auf der Willibaldsburg über Eichstätt als Glanzstück ausgestellt werden solle“. Erst nach dem Kauf des Fundes wurde dieser eindeutig als *Archaeopteryx* erkannt. Bei seitlicher Beleuchtung des Fossils fielen schwache Abdrücke des Federkleides auf. Ein Jahr vor seinem Tod veröffentlichte Mayr in der „Paläonto-logischen Zeitschrift“ den Beitrag „Ein neuer Archaeopteryx-Fund“, durch den die Wissenschaft mehr als 20 Jahre nach der Entdeckung erstmals von dieser *Archaeopteryx* erfuhr. „Die späte Veröffentlichung des neuen Urvogel-Fundes steht im Zusam-menhang mit den jahrelang sich hinziehenden Verhandlungen über den Museumsplan, der aber jetzt gesichert erscheint“, er-klärte Mayr. 1974 beschrieb der Hauptkonservator der Bayeri-schen Staatssammlung für Paläontologie und historische Geo-logie in München, Peter Wellnhofer, diesen Fund. Das Fossil wird seit 1976 im damals eröffneten Jura-Museum auf der Willibaldsburg in Eichstätt aufbewahrt. Die Eröffnung dieses Museums hat Mayr nicht mehr erlebt. Das „Eichstätter Exemplar“ ist der erste Urvogel, den man im Fundland Bayern

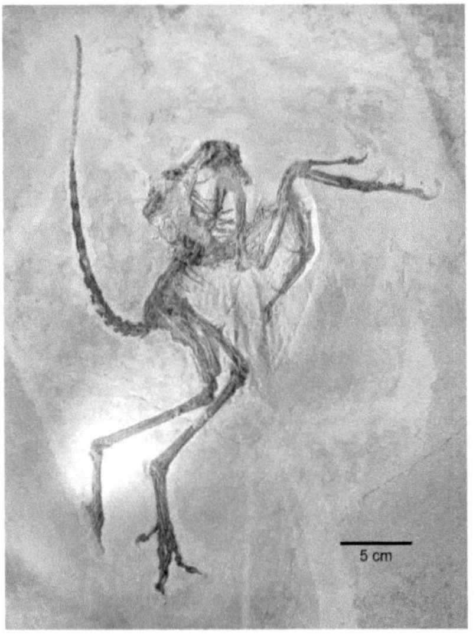

Das „Solnhofener Exemplar" des Urvogels Archaeopteryx
von einem unbekannten Fundort
wurde zeitweise irrtümlich für einen Compsognathus gehalten.
Foto: H. Raab (User Vesta) / CC-BY-SA3.0
(via Wikimedia Commons),
lizensiert unter Creative-Commons-Lizenz by-sa-3.0,
https://creativecommons.org/licenses/by-sa/3.0/legalcode

ausgestellt hat. Beim „Eichstätter Exemplar" blieb der Kopf sehr gut erhalten. In seiner großen Augenhöhle kann man einen Ring aus kleinen Knochenplättchen erkennen, der das Auge schützte. Solche Augenringe besaßen auch Fischsaurier und Flugsaurier, aber auch manche heutige Vögel weisen sie auf. Deutlich sichtbar sind die kleinen, spitzen Zähne in den Kiefern, die als Sauriermerkmal gelten. Der Schädelhohlraum, in dem sich das Gehirn befand, zeigt, dass *Archaeopteryx* noch kein typisches Vogelgehirn besaß.

Im Herbst 1987 identifizierte der Eichstätter Paläontologe Günter Viohl in der Privatsammlung des Solnhofener Altbürgermeisters Friedrich (Fritz) Müller (1912–1995) einen Fossilfund, der irrtümlich für einen Zwergdinosaurier *Compsognathus* gehalten wurde, als Urvogel *Archaeopteryx*. Von dem ursprünglich vollständig überlieferten Skelett sind bei der Bergung im Steinbruch Teile von Schädel, Wirbelsäule, Hinter- und Vorderextremitäten verlorengegangen. Vom Schädel blieb nur die vordere Schnabelpartie mit Zähnen erhalten. Man vermutet heute, dieser Urvogel sei vor 1985 in einem Eichstätter Steinbruch gefunden worden. 1988 beschrieb der Paläontologe Peter Wellnhofer dieses Fossil als *Archaeopteryx lithographica*. Jener bisher größte Urvogel wurde 2001 von dem polnischen Paläontologen Andrzej Elzanowski wegen der deutlich geringeren Schwanzlänge sowie wegen einiger Unterschiede im Bau des Beckens und der Füße einer neuen Gattung und Art namens *Wellnhoferia grandis* zugeordnet, was aber umstritten ist. Elzanowski rechnete die damals bekannten Funde vier Arten zu: *Archaeopteryx lithographica, Archaeopteryx siemensii, Archaeopteryx bavarica* und *Wellnhoferia grandis*.

2001 wies das Oberlandesgericht Nürnberg die Klage eines Eichstätter Steinbruchbesitzers ab, der behauptete, der *Archaeopteryx*-Fund sei 1985 von einem seiner türkischen Arbeiter

Procompsognathus triassicus vom Stromberg bei Pfaffenhofen war kein Vorfahre von Compsognathus longipes.
Foto: Ghedoghedeo / CC-BY-SA3.0 (via Wikimedia Commons), lizensiert unter Creative-Commons-Lizenz by-sa-3.0-en, https://creativecommons.org/licenses/by-sa/3.0/legalcode

Paläontologe Eberhard Fraas (1862–1915).
Foto: Porträt vor 1915

entwendet worden. Der Urvogel wird im Bürgermeister-Müller-Museum in Solnhofen aufbewahrt und deswegen als „Solnhofener Exemplar“ bezeichnet.
Einem Irrtum unterlag auch der britische Astronom Sir Fred Hoyle (1915–2001), der noch 1985 das in London aufbewahrte *Archaeopteryx*-Exemplar von 1861 für eine Fälschung hielt. Er meinte, dieses „Londoner Exemplar“ wäre ein *Compsognathus* mit nachträglich aufgetragener Befiederung von heutigen Vögeln. Dieser Angriff auf die Identität des „Rätseltieres“ *Archaeopteryx* konnte von den Paläontologen des Naturhistorischen Museums in London aber Punkt für Punkt widerlegt werden, doch er zeigt, wie umkämpft die Position des Urvogels in der Evolutionsgeschichte schon immer war und auch noch ist.
Der bayerische *Compsognathus*-Fund hat seit 1859 immer wieder Paläontologen fasziniert und zur Bearbeitung angeregt. Bei dieser Popularität ist es umso erstaunlicher, dass es beinahe 120 Jahre dauerte, bis die erste umfassende und wissenschaftlich korrekte Beschreibung dieses Fundes vorlag. Sie wurde 1978 von dem amerikanischen Saurier-Spezialisten John H. Ostrom nach einem einjährigen Forschungsaufenthalt in München veröffentlicht. Professor Ostrom, einer der führenden Saurier-Spezialisten der Welt, war für diese Aufgabe besonders qualifiziert, da er sich intensiv mit dem Verwandtschaftsverhältnis der Dinosaurier zu den Vögeln und speziell zu *Archaeopteryx* beschäftigt hatte. Er untersuchte 1981 auch den 1,20 Meter langen fleischfressenden Dinosaurier *Procompsognathus triassicus* aus der späten Triaszeit vor mehr als 210 Millionen Jahren. Dessen einziger Fund gelang 1909 im Steinbruch Burrer am Stromberg bei Pfaffenhofen (Kreis Heilbronn). Der Paläontologe Eberhard Fraas (1862–1915) beschrieb und benannte diesen Fund 1913 und ging irrtümlich davon aus, es handle sich um einen Vorfahren von *Compsognathus longipes*.

Naturforscher Charles R. Darwin (1809–1882)
Foto: Porträt um 1854 (via Wikimedia Commons),
Lizenz: gemeinfrei (Public domain)

Compsognathus und *Archaeopteryx* – ein historischer Exkurs

Der in vielen Skelettpartien, insbesondere des Fußes, sehr ähnliche Bau des Zwergdinosauriers *Compsognathus* mit dem Urvogel *Archaeopteryx* und die dadurch angenommene möglicherweise enge Verwandtschaft von beiden spielten von Anfang an gleich nach der Entdeckung dieser fossilen Wirbeltiere eine wichtige Rolle. Sie wurde sogar in eine Diskussion mit geschichtlicher Dimension einbezogen. Etwa zur gleichen Zeit, im Jahre 1859, veröffentlichte der englische Naturforscher Charles R. Darwin (1809–1882) seine Theorie von der „Entstehung der Arten", populär als Evolutionstheorie bezeichnet, die in der Folge das Lager der Wissenschaftler in begeisterte Anhänger und fanatische Gegner spaltete. Der Zeitpunkt des Fundes von *Compsognathus* fiel so zufälligerweise in diese Ära größter naturwissenschaftlicher Umwälzungen, die scheinbar zunächst nur auf die Biologie beschränkt blieben, bald aber selbst auf Gesellschaft, Politik und Religion ausstrahlten. Dazu kam noch, dass der Fund des Urvogel-Exemplares von 1861 als Beweis für die Richtigkeit der Darwinschen Theorien herangezogen wurde: Dieses Tier zeigte zum einen eine Reihe von Reptilmerkmalen, zum anderen Eigenschaften, die eindeutig den Vögeln eigen waren, es war also im Darwinschen Sinne ein echtes „missing link" – ein Bindeglied zwischen Reptilien und Vögeln.

Darwin selbst war über die beiden „Kronzeugen" seiner Theorie, *Compsognathus* und *Archaeopteryx*, sehr erfreut und schrieb folgerichtig in eine der deutschen Ausgaben seines Buches über die Entstehung der Arten den Satz: „... der Abstand zwischen Reptilien und Vögeln wurde durch *Archaeopteryx* und *Compsognathus* in unerwarteter Güte verringert ..."

Wissenschaftler Thomas Henry Huxley (1825–1895).
Foto: Daniel Downey (1829–1881),
(via Wikimedia Commons),
Lizenz: gemeinfrei (Public domain)

Der kränkelnde und scheue Darwin hatte in der Öffentlichkeit einen wortgewaltigen Streiter für seine Sache, den Londoner Wissenschaftler Thomas Henry Huxley (1825–1895). Seine scharf-züngigen Streitgespräche mit Darwins Gegnern trugen ihm schon bald den Spitznamen „Darwins Bulldogge“ ein. Thomas Huxley zeigte bereits frühzeitig Interesse an dem kleinen Dinosaurier vom Kontinent, und nach seiner Untersuchung von *Compsognathus* bemerkte er: „Beim Anblick der Formgestaltung dieses seltsamen Reptils kann man unmöglich daran zweifeln, dass es in aufrechter, zumindest halb aufgerichteter Haltung gehüpft oder geschritten ist, ganz nach Art des Vogels, dem es aufgrund seines langen Halses, seines winzigen Kopfes und seiner kleinen Vordergliedmaßen bemerkenswert ähnlich gesehen haben muß!“
Nachdem Huxley auch noch *Archaeopteryx* untersucht hatte, kam er bei dem Vergleich mit *Compsognathus* zu dem Schluss, dass hier die idealen Bindeglieder zwischen zwei Wirbeltierklassen – Reptilien und Vögeln – vorlagen; eines davon war ein reptilähnlicher Vogel, das andere ein Reptil mit Vogelmerkmalen. Auch in seinen klassisch gewordenen Vorlesungen in den Jahren 1868 und 1870 ging Huxley auf dieses Phänomen ein und äußerte die Vermutung, dass die Vögel letztlich auf Dinosaurier zurückzuführen seien. Nach einer Reihe von Veränderungen, von denen eine Entwicklungsstufe in Gestalt des *Compsognathus* vorläge, wären aus den Reptilien die Vögel hervorgegangen.
Es dauerte nicht lange, bis die revolutionären neuen Gedanken aus Europa auch auf die Neue Welt übersprangen. In Nordamerika waren es vor allem die zwei bedeutenden Wirbeltier-Paläontologen Othniel C. Marsh (1831–1899) und Edward Drinker Cope (1840–1897), die sich mit den Beziehungen der Dinosaurier zu den Vögeln auseinander setzten.

Paläontologe Othniel C. Marsh (1831–1899).
Foto: Library of Congress, Prints and Photographs Division, Washington D.C., Brady-Handy Photograph Collection, Digital ID: cwph 04124 (via Wikimedia Commons), Lizenz: gemeinfrei (Public domain)

Paläontologe Edward Drinker Cope (1840–1897).
Foto: Porträt vor 1897,
Fotograf: Frederick Gutekunst (1831–1917)
(via Wikimedia Commons),
Lizenz: gemeinfrei (Public domain)

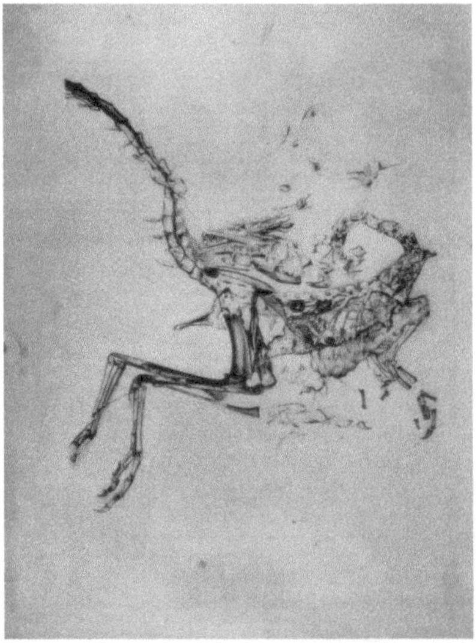

Lithographische Druckplatte aus Solnhofener Plattenkalk mit dem Motiv des Skelettes von Compsognathus longipes. Diese Druckplatte ließ der amerikanische Paläontologe Othniel C. Marsh (1831–1899) anfertigen.

Noch vor seinem wissenschaftlichen Konkurrenten und persönlichen Feind Marsh bemerkte Cope 1867 die Ähnlichkeit manch fossiler Reptilien, zu denen er vor allem *Compsognathus* zählte, mit den Vögeln. Die Einordnung des Dinosaurierfundes aus Bayern bereitete Cope aber große Schwierigkeiten; einmal wollte er ihn den Pinguinen zuordnen, dann wieder zu den Straußen stellen.
Zehn Jahre später, 1877, äußerte sich auch Othniel C. Marsh zur Verwandtschaft von Vögeln und Dinosauriern. Zunächst bestätigte er Huxleys Erkenntnisse und meinte dann, dass durch die Entdeckung vogelähnlicher Reptilien und reptilhafter Vögel eine bedeutende Lücke in der Entwicklungsreihe geschlossen worden sei. Damit sei eines der Hauptargumente von Gegnern der Evolutionstheorie entkräftet worden. Marsh bezeichnete *Compsognathus* und *Archaeopteryx* als „Trittsteine für den Skeptiker, auf denen jener vom Evolutionstheoretiker über die seichte Furt geführt werden könne, die man einst als unüberwindbaren Meeresarm angesehen hatte!«.

Eine überraschende Entdeckung

1881 besuchte Othniel C. Marsh, der von 1866 bis 1899 am Peabody Museum in Yale (USA) arbeitete, die bayerische Landeshauptstadt München, um den Zwergdinosaurier *Compsognathus longipes* im Original anzusehen und untersuchen zu können. Kurze Zeit später muss im Auftrag von Marsh von *Compsognathus* eine Lithographie, ein Steindruck, angefertigt worden sein, denn 1961 fand Professor Ostrom in einem abgelegenen Winkel des Peabody Museums in Yale eine schwere Druckplatte aus Solnhofener Plattenkalk. Auf der polierten Oberfläche des Steines war von einem unbekannten Künstler

Paläontologe Franz von Nopcsa (1877–1933).
Foto: Porträt vor 1933

eine anatomisch genaue Abbildung des Münchner *Compsognathus*-Skeletts eingeätzt worden.
Aber warum befand sich diese Platte in den Vereinigten Staaten, und warum war sie noch nie eingefärbt und zum Druck benutzt worden? John H. Ostrom konnte sich diese Fragen nur mit der Annahme erklären, dass die Platte ursprünglich für eine von sechs geplanten Monographien über Dinosaurier vorgesehen war, die Marsh vor mehr als 100 Jahren veröffentlichen wollte. Vor seinem Tod 1899 gelang dem großen Wirbeltier-Paläontologen aber nur noch die Fertigstellung eines einzigen dieser Werke, und so blieb die für spätere Teile vorgesehene *Compsognathus*-Steinplatte unbenutzt.
Ostrom fand in der Yaler Kunststudentin Heddi Seibel eine Künstlerin, die mit der alten Methode des lithographischen Druckes vertraut war. Sie stellte für ihn eine limitierte Auflage von 155 numerierten *Compsognathus*-Lithographien her, die für je 50 Dollar verkauft wurden. So endete nach beinahe 100 Jahren der „Museumsschlaf" der Marshschen *Compsognathus*-Lithographieplatte.

Embryo oder Mageninhalt?

Othniel C. Marsh, im ausgehenden 19. Jahrhundert wohl der weltweit führende Dinosaurier-Experte, bemerkte bei seiner Untersuchung des *Compsognathus*-Skelettes eine weitere Eigentümlichkeit: Zwischen den Rippen des Raubdinosauriers lagen Knochen, die eindeutig nicht zu *Compsognathus* selbst gehören konnten, da sie von einem wesentlich kleineren Tier stammten. Marsh folgerte aus diesem Befund, dass die Skelettreste der Beweis dafür waren, dass *Compsognathus* und Dinosaurier allgemein keine Eier legten, sondern lebend-

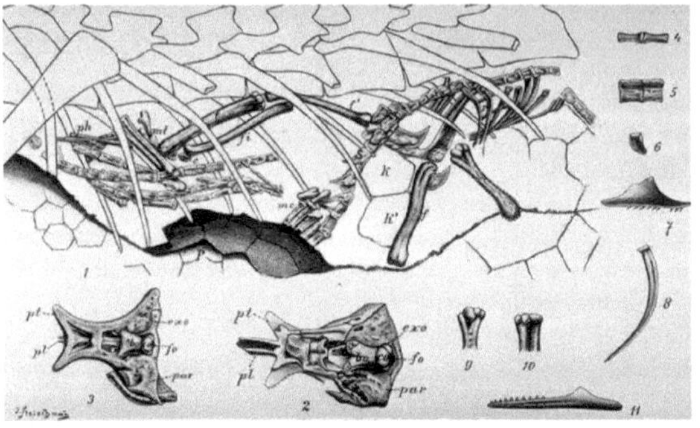

Diese Illustration von 1903 des ungarischen Paläontologen Franz von Nopcsa (1877–1933) zeigt den Mageninhalt des in Bayern gefundenen Zwergdinosauriers Compsognathus longipes. Zeichnung: (via Wikimedia Commons), Lizenz: gemeinfrei (Public domain)

gebärend waren. Diese Ansicht blieb unwidersprochen, bis sich 12 Jahre später eine der damaligen Kapazitäten für fossile Reptilien, der ungarische Adelige, Paläontologe und Abenteurer Franz von Nopcsa (1877–1933), mit dem vermeintlichen Jungtier in der Bauchhöhle von *Compsognathus* näher beschäftigte. Dabei kam Nopcsa zu dem Schluss, dass es sich keineswegs, wie Marsh behauptet hatte, um einen Embryo oder gar ein in kannibalischer Absicht gefressenes Tier der gleichen Art handeln könne. Letzteres wäre nicht abwegig gewesen, da von dem aus Arizona (USA) stammenden Ceratosaurier *Coelophysis* („Hohle Gestalt") eindeutig kannibalisches Fressverhalten nachgewiesen ist

Aber Nopcsa hatte herausgefunden, dass die zarten Knochen im ehemaligen Bauchraum Reste eines eidechsenähnlichen Tieres darstellten, also die Nahrung dieses *Compsognathus*-Exemplars waren. Nopcsas Behauptung konnte erst 1978 definitiv durch John H. Ostrom bestätigt werden. Wie bei einer kriminalistischen Beweisführung hatte sich John H. Ostrom Stück für Stück um die Identifizierung des Mageninhaltes von *Compsognathus* bemüht. Er zeichnete die Knochen, bestimmte ihre Zugehörigkeit im Skelettverband, rechnete aus, wie das Verhältnis der Länge von Vorder- zu Hinterfußknochen war, wie lang der Schwanz war, ob es an dessen Schwanzwirbeln Sollbruchstellen gab (die sogenannten Autotomiestellen, an denen heutige Eidechsen ihren Schwanz bei Gefahr abbrechen und abwerfen können) und welchem schon bekannten fossilen Reptil aus Solnhofen sich all diese Fakten zuordnen ließen. Dabei kam er zu dem Ergebnis, dass die Knochen zu der Echse *Bavarisaurus macrodactylus* („Großfingrige Bayernechse") gehören mussten. *Bavarisaurus* konnte aufgrund seiner im Vergleich zu den Hinterbeinen sehr viel kürzeren Vordergliedmaßen keine baumbewohnende Echse sein, sondern glich den heutigen

Lebensbild von Ornitholestes („Vogelfänger").
Zeichnung: Ornitholestes (via Wikimedia Commons),
Lizenz: gemeinfrei (Public domain)

Basilisken oder Tejus. Die Tejus haben in der Neuen Welt die Stellung in der Tierwelt, die bei uns in der Alten Welt die Eidechsen (Lacertidae) vertreten.

Wegen der vergleichbaren Körper- und Schwanzproportionen sah John H. Ostrom in der heute lebenden Sechsstreifigen Rennechse *(Cnemidophorus sexlineatus)* ein Pendant zu dem Beutetier im Magen von *Compsognathus*. Die Rennechse lebt im Südosten der USA auf sandigen Böden. Wenn sie mit unglaublicher Geschwindigkeit über Felder und Straßen huscht, um von einem ihrer Verstecke zum nächsten zu gelangen, kann man ihrer kaum habhaft werden, weil sie, wie der deutsche Herpetologe Dr. Heinz Wermuth (1918–2002) einmal schrieb, „... die Angewohnheit hat, ganz plötzlich in ihrem Lauf zu verhalten, während unsere Augen unwillkürlich die eingeschlagene Fluchtrichtung des Tieres weiter verfolgen".

Auch John H. Ostrom hat meist vergeblich versucht, die Rennechse mit der Hand zu fangen. Ausgerechnet diesen langschwänzigen Typus eines rennechsenverwandten Reptils hatte er nun nach langwierigen Analysen als Mageninhalt des kleinen Raubdinosauriers *Compsognathus* nachgewiesen. Da die Jäger nicht langsamer als die Beute sein konnten, lag es nahe, dass Co*mpsognathu*s und seine entfernten Verwandten wie *Coelurus* oder *Ornitholestes* („Vogelfänger") die ökologische Nische schneller und wendiger Jäger übernommen hatten. Wenn wir auch nie die näheren Umstände beim Fang dieses Kleinreptils erfahren werden, zeigt sich doch, dass zumindest manche Dinosaurier weit vom Klischee des plumpen Reptils entfernt waren.

Paläontologe Friedrich von Huene (1875–1969).
Foto: Universität Tübingen,
Institut und Museum für Geologie und Paläontologie

Panzerung und Eier?

Aber nicht nur der vermeintliche Embryo, der sich als Nahrungsrest entpuppte, erregte das Interesse der Forscher. Der deutsche Dinosaurierspezialist Friedrich von Huene gab 1901 bekannt, dass er an *Compsognathus* Teile eines Hautpanzers entdeckte. Sechseckige Panzerplatten aus Horn hätten demzufolge den kleinen Dinosaurier wenigstens am Schwanz und am Nacken bedeckt. Am Rücken, wo man eine derartige Panzerbedeckung am ehesten hätte erwarten können, fanden sich jedoch keine solche Platten.

Der mit von Huene befreundete Franz Baron von Nopcsa wies bereits 1903 nach eigenen Untersuchungen eine mögliche Hautpanzerung von *Compsognathu*s als unrealistisch zurück, meinte aber, feine Abdrücke von Haut und Muskelfasern entdeckt zu haben.

Wieder blieb eine Klärung dieser Streitpunkte bis 1978 aus. John H. Ostrom konnte trotz verschiedenartigster Beleuchtung der Steinplatte und auch nach genauester Analyse keine Hinweise auf einen Hautpanzer finden. Bestenfalls konnten sich in dem feinkörnigen Solnhofener Kalkstein leichte Muskelabdrücke abgezeichnet haben, ähnlich wie sich auch die feinen Federn des Urvogels *Archaeopte*ryx oder Flughautumrisse von Flugsauriern erhalten haben.

Die lange Liste der Besonderheiten, die am C*ompsognathu*s-Skelett beobachtet werden konnten, wurde 1983 um die bisher letzte Variante bereichert: Bestimmte Gebilde auf der Steinplatte veranlassten den Würzburger Diplom-Geologen Matthias Mäuser, die provokante Frage zu stellen, ob es sich dabei um Eier von *Compsognathus* handle. Zehn dunkle Halbkugeln, die auf der Platte unterhalb des Brustkorbes und zu Füßen von *Compsognathus* zu sehen sind, sollten möglicherweise Eier

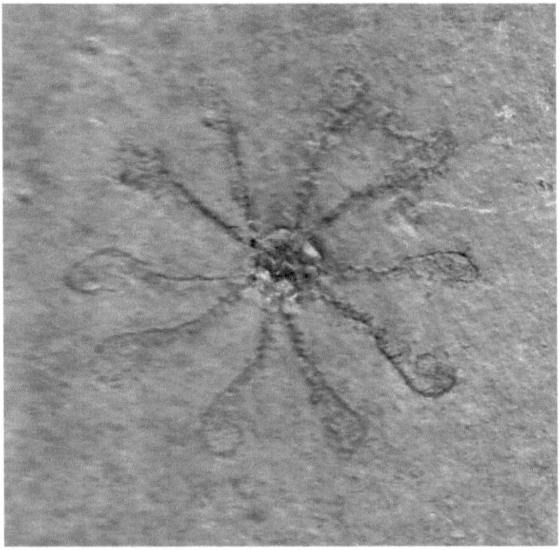

Freischwimmende Seelilie (Saccocoma).
Foto: Mstahl (via Wikimedia Commons),
Lizenz: gemeinfrei (Public domain)

gewesen sein. Bei der Interpretation dieser Gebilde war man bisher immer davon ausgegangen, dass es sich um Kelche der freischwimmenden Seelilie *Saccocoma* handelte, die in diesen Gesteinen häufig auftritt. Dieser Meinung hatte sich auch John H. Ostrom angeschlossen, aber Matthias Mäuser stellte fest, dass die Gebilde einen größeren Durchmesser als die Kelche der Seelilie aufwiesen, an den Halbkugeln keinerlei Andeutungen von Armen zu sehen seien und die fünfstrahlige Einteilung, die für den Seelilienkelch typisch ist, in keinem Fall vorhanden sei. Weitere Deutungsmöglichkeiten für die Gebilde als Blasen aus Verwesungsgasen oder als Koprolithen (versteinerter Kot) schieden aus, und so blieben nur Eier als wahrscheinlichste Erklärung übrig. Hätte Matthias Mäuser mit seiner Behauptung recht, dann würde es sich bei dem Münchner *Compsognathus*-Exemplar um ein ausgewachsenes weibliches Tier handeln, und damit wäre dieser Dinosaurier tatsächlich einer der weltweit kleinsten Vertreter der Schreckensechsen.

Lange Zeit galt *Compsognathus* als kleinster bekannter Dinosaurier. Doch dann entdeckte man weitere kleine Dinosaurier wie *Caenagnathasia* („Neuer Kiefer aus Asien"), den 47 bis 77 Zentimeter langen *Microraptor* („Kleiner Räuber") und den 39 Zentimeter langen *Parvicursor* (Kleiner Läufer). Einer der kleinsten Dinosaurier, der je gefunden wurde, hatte nur die Größe einer heutigen Drossel. Dabei handelt es sich aber nicht um die kleinste Art von Dinosauriern, sondern um ein Jungtier aus der Verwandtschaft der Gattung *Plateosaurus* („Breitweg-Echse"), die in der Triaszeit vor mehr als 210 Millionen Jahren auch in Deutschland vorkam und erwachsen bis zu zehn Meter lang wurde. Der winzige Fund glückte in Argentinien und trägt den Namen *Mussaurus*, weil er etwa die Größe einer jetzigen Maus (mus = Maus) hat.

Paläontologe Othenio Abel (1875–1946).
Foto: Porträt vor 1946

Unser heutiges Bild von *Compsognathus*

Seit seiner Entdeckung vermutlih im Sommer 1859 ging das kleine *Compsognathus*-Skelett durch die Hände zahlreicher namhafter Paläontologen aus Europa und Übersee. Sie alle bemühten sich, das berühmte Fossil genau zu beschreiben und in allen Einzelheiten zu untersuchen. Dank ihrer Bemühungen zeichnete sich nach und nach ein immer klarer werdendes Bild des kleinen Raubdinosauriers ab. Ohne Fehler und Irrtümer ging dieser Prozess aber nicht vonstatten. So rekonstruierte der österreichische Paläontologe Othenio Abel (1875–1946) *Compsognathus* 1911 als eine Art „Miniaturkänguruh“, und seine Deutung als hüpfender Dinosaurier hielt sich bis in unsere Tage (wie übrigens auch bei *Procompsognathus*). Dabei hat in den letzten Jahrzehnten eine große Anzahl gut erhaltener fossiler Fährten von Raubdinosauriern jeglicher Körpergröße den Beweis erbracht, dass sich kein einziger von ihnen hüpfend fortbewegt haben konnte. Aus den Daten, die fossile Fährten liefern, und aus Berechnungen, die vom Skelettbau herrühren, haben verschiedene Forscher die Laufgeschwindigkeiten der Dinosaurier ermittelt. Der Australier Tony Thulborn kam dabei für *Compsognathus* auf 16 bis 26 km/h, ein Tempo, das dem Jura-Dinosaurier genug Leichtfüßigkeit verlieh, um Insekten oder schnelllaufende Echsen erbeuten zu können. Dass *Compsognathus* ein räuberisches Tier war, bestätigt nicht nur sein fossil erhalten gebliebener Mageninhalt, sondern auch ein Blick auf seine Kiefer: In Ober- und Unterkiefer stecken jeweils etwa 18 leicht nach hinten gekrümmte Zähne, die an den Vorderseiten bisweilen Sägekanten aufweisen. Dennoch lässt sich anhand anatomischer Merkmale am Schädel ablesen, dass der „Biss“ von *Compsognathus* nicht allzu kräftig gewesen sein kann, größere Beute konnte er also wohl nicht schlagen.

Rekonstruktion des Paläontologen Othniel C. Marsh (1831–1899) von Compsognathus (1899)

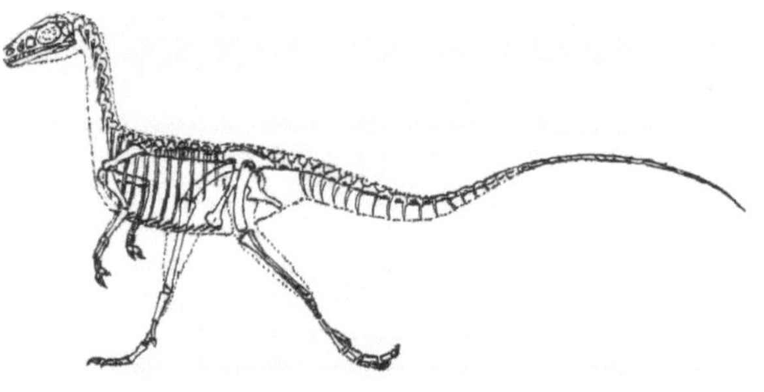

Rekonstruktion des Paläontologen John H. Ostrom 1928–2005) von Compsognathus (1978)

Rekonstruktion des Paläontologen Othenio Abel (1875–1946) von Compsognathus als „Miniaturkänguruh" (1911)

Rekonstruktion des Ornithologen Gerhard Heilmann (1859–1946) von Compsognathus (1925)

Der nur 7,5 Zentimeter lange Schädel von *Compsognathus* fällt durch seine sehr leichte Bauweise auf. Er wird von großen Öffnungen beherrscht, und auch die Augenhöhlen sind sehr groß. Selbst im Vergleich zur Körpergröße ist der Schädel verhältnismäßig groß – für manche Paläontologen ein Hinweis darauf, dass dieses Tier noch jugendlich war.

Zur Fortbewegung benutzte *Compsognathus* nur die längeren und schlanken Hinterbeine. Seine Vordergliedmaßen sind für einen Theropoden ungewöhnlich kurz und kräftig geraten; die Länge seiner Arme beträgt nur 37 Prozent der Beinlänge. War *Compsognathus longipes* wirklich der kleinste Dinosaurier der Welt, so wie dies in fast jedem Buch über Dinosaurier zu lesen ist? Mit 70 Zentimeter Gesamtlänge (wobei der fehlende Schwanzrest ergänzt wird) ist der bayerische *Compsognathus* kaum größer als eine Hauskatze, und seinen Kopf trug er nicht höher als etwa 30 Zentimeter. Der zarte Bau seines Skelettes machte diesen *Compsognathus* auch zu einem Leichtgewicht von nur 3 bis 3,5 Kilogramm. Schätzungen, die ihm kaum 1000 Gramm zubilligen, dürften aber als unrealistisch einzustufen sein.

Obwohl *Compsognathus* zur „Fliegengewichtsklasse" unter den Dinosauriern zählte, übertrifft er nach Berechnungen des amerikanischen Forschers Nicholas Hutton mit seinem Gewicht immer noch 70 Prozent aller heute lebenden Säugetiere (man denke an die kleinen Nagetiere). Amerikanische Wissenschaftler, die 1987 das Knochenwachstum von *Compsognathus* und anderen kleinen Dinosauriern mit dem moderner Vögel wie Haushuhn oder Truthahn verglichen haben, kamen zu dem Schluss, dass der deutsche *Compsognathus* fast oder ganz ausgewachsen war. Dem steht die Größe des französischen Exemplares gegenüber, das zwischen 1,05 und 1,25 Meter lang ist.

Das französische und das deutsche *Compsognathus*-Exemplar zeigen zwei erstaunliche Übereinstimmungen: Bei beiden Tieren ist der Kopf nach hinten auf den Rücken gekrümmt. Bewirkt haben das offensichtlich die durch die Austrocknung verkürzten Hals- und Nackensehnen. Bei beiden Tieren ist der Schwanz an derselben Stelle, hinter dem 6. Wirbelknochen, abgebrochen.
Obwohl *Compsognathus* einer der bestbekannten Klein-Raubdinosaurier ist, kann er in keine der schon vorhandenen Familien eingeordnet werden. Er zeigt gleichzeitig Merkmale der kleinen Coelurosaurier („Hohlschwanz-Echsen“) und der großen Carnosaurier („Fleisch-Echsen“). Deshalb wurde er in eine eigene Familie gestellt, die Compsognathidae, deren einziger Vertreter er selbst ist.
Dank des guten und recht vollständigen Erhaltungszustands des Skelettes von *Compsognathus* konnte in der Bayerischen Staatssammlung für Paläontologie und historische Geologie in München der kleine Dinosaurier wieder „zum Leben erweckt“ werden. Basierend auf der Untersuchung von John H. Ostrom und unter der Anleitung von Dr. Peter Wellnhofer schuf die Präparatorin Renate Liebreich zweimal eine dreidimensionale Darstellung von *Compsognathus longipes:* Einmal eine Skelettnachbildung in Originalgröße mit Zähnen, die aus Nägeln nachgestaltet wurden, und zum zweiten eine Mimoplastik, die das Tier so zeigt, wie es zu Lebenszeiten ausgesehen haben könnte. Das farbig bemalte Modell hatte bereits einen Auftritt in einer vierteiligen Fernsehserie über Dinosaurier, die in mehreren europäischen Ländern, im Sommer 1992 auch im Zweiten Deutschen Fernsehen, ausgestrahlt wurde.
Viele Detailfragen, wie klein etwa ein *Compsognathus* nach dem Schlüpfen aus dem Ei gewesen sein muss und wovon sich so ein Winzling ernährt haben mag, kann man leider noch nicht

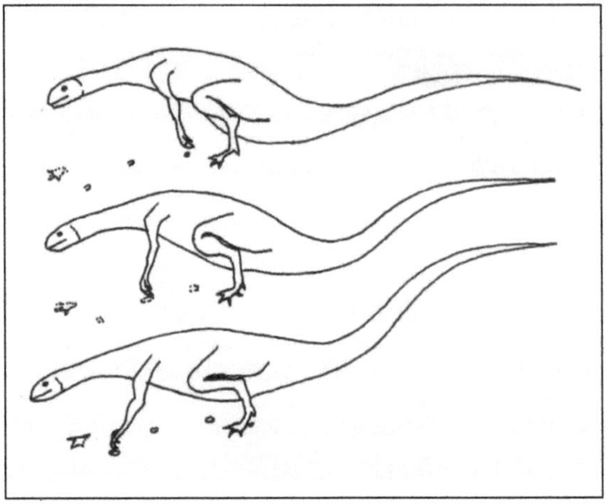

Ein hüpfender Dinosaurier erzeugte nach Ansicht des Paläontologen Martin Wilfarth von 1937 die irrtümlich Compsognathus zugeschriebenen Fährten. Zeichnung aus „Dinosaurier in Deutschland“ (1993) von Ernst Probst und Raymund Windolf

beantworten. Vielleicht zeigen aber eines Tages neue Funde dieses faszinierenden Jura-Räubers auch weitere Einzelheiten aus seinem Leben.

Auf falscher Fährte

Etwa zu der Zeit, als *Archaeopteryx* und *Compsognathus* gefunden beziehungsweise beschrieben wurden, fand man Fährten, die scheinbar zu *Compsognathus* gehörten. So lieferten etwa die Plattenkalke von Pfalzpaint im Altmühltal und andere Orte ganze Fährtenabfolgen. Nach allgemeiner Meinung sollte die Fährtenfolge, welche der Paläontologe Albert Oppel 1862 *Kouphichnium lithographicum* nannte, aus sechs aufeinanderfolgenden Sprüngen bestehen, und nach jedem Absprung wurde die Spur eines nachschleifenden Schwanzes unterbrochen. Hier war er also, der direkte Beweis dafür, dass manche Dinosaurier, insbesondere die langbeinigen Hohlknochendinosaurier, sich hüpfend fort bewegten und beim schnellen Sprung ihren Schwanz auf den Boden schlagen ließen. Othenio Abel beschrieb 1922 anschaulich den Solnhofener Strand der bayerischen Oberjurazeit und beschäftigte sich auch mit der fraglichen Fährte: „Der Hinterfuß des Tieres, das die als *Kouphichnium lithographicum* zu unterscheidende Fährte eingedrückt hat, war dreizehig, und die Spreizung der Zehe ist dieselbe, die wir in den Hinterfüßen von Dinosauriern und Vögeln finden." Abel folgerte weiter, dass die Spur wohl nicht von einem Urvogel oder Flugsaurier herrühre, sondern vielmehr von einem kleinen Dinosaurier wie *Compsognathus*. Wenn sich dieser im feuchten Sand, auf schlammigen Strandabschnitten oder an Bachrändern und Tümpeln fortbewegte, hätte er seine Fußabdrücke hinterlassen. Viele Artikel und Diskussionen

Paläontologe Otto Jaekel (1863–1929).
Foto: Universität Stuttgart,
Fakultät Geo- und Biowissenschaften

zeigten, dass unter den Paläontologen keine Einigkeit herrschte. Manche, wie Otto Jaekel (1863–1929), tendierten eher in Richtung Vögel, indem sie glaubten, dass hier ein vogelähnliches Tier seine Zehen in regelmäßigen Intervallen in den feuchten Untergrund gedrückt hätte, so wie dies heute noch etwa bei Möwen am Strand beobachtet werden kann. 1929 beschrieb Otto Jaekel sogar einen neuen Urvogel nur nach seiner Fährte: *Archaeornis bavarica* („Bayerischer Altvogel").
Andere Wissenschaftler, die meinten, ein Dinosaurier hätte hier seine dreizehigen Füße in den Boden „gestempelt", taten sich mit der geringen Größe der Fährten schwer. Selbst für das noch nicht voll ausgewachsene Exemplar des Zwergdinosauriers *Compsognathus* waren sie noch zu klein geraten. Aber auch dieser problematische Punkt ließ sich einfach dadurch erklären„dass ein sehr junger *Compsognathus* oder ein nahe verwandter, noch wesentlich kleinerer Dinosaurier hier gehüpft sei.
Der am 5. Dezember 1893 in Bernburg (Anhalt) geborene und in Halle an der Saale tätige Paläontologe Martin Wilfarth schaltete sich 1937 mit einem unglücklichen Erklärungsversuch in die Diskussion ein, der wie manche andere seiner Hypothesen als belächelte Randbemerkung in die Wissenschaftsgeschichte einging. So wollte er nach seiner Theorie der „Großgezeiten" alle Dinosaurier als Wattbewohner und untergetauchte „Atemschnorchler" zu Küstenbewohnern umdeuten. Auch für *Compsognathus* hatte er eine Rolle als „Strandguträuber" bereit.
Zwar stimmte Wilfarth der Abelschen Theorie zu, dass die *Kouphichnium*-Fährte von einem Klein-Raubdinosaurier erzeugt worden war, aber die seltsamen Schrittfolgen erklärte er mit einer Theorie, die einen Miniaturdinosaurier von ganzen 30 Zentimetern Länge zum Verursacher hatte. Wilfarth stellte sich vor, dass dieser Dinosaurier seine Arme wie Krücken benutzte, sie nach dem Sprung vor den auftreffenden Füßen aufgesetzt

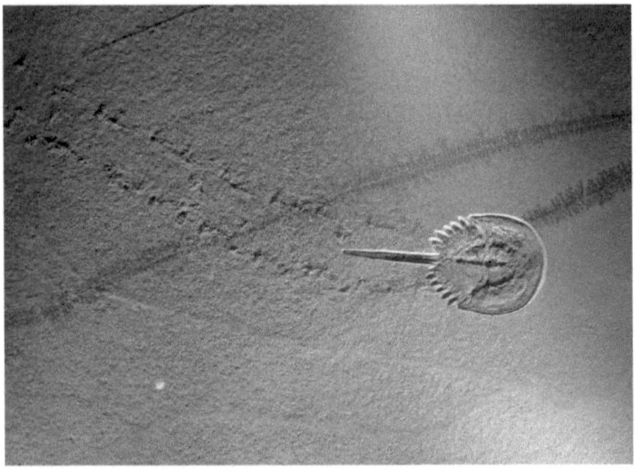

Fossiler Pfeilschwanzkrebs mit von ihm erzeugten Spuren.
Foto: Ghedoghedo / CC-BY-SA3.0 (via Wikimedia Commons), lizensiert unter Creative-Commons-Lizenz by-sa-3.0 https://creativecommons.org/licenses/by-sa/3.0/legalcode

und so den Schwung der Vorwärtsbewegung aufgefangen habe. Dann wäre eine weitere Vorwärtsbewegung der Arme erfolgt, wobei sie etwas weiter gespreizt wurden und sich der Körper des Tieres nach vorne neigte. Um den wesentlich längeren und kräftigeren Hinterbeinen den Sprung zu ermöglichen, mussten die Arme ein weiteres, drittes Mal nach vorn gesetzt und im Sediment abgestützt werden, wobei sie nach Wilfarths Überzeugung so weit auseinandergestellt wurden, dass die Hinterbeine zwischen ihnen hindurchschwingen konnten. Der gesamte Vorgang müsse ähnlich abgelaufen sein wie beim langsamen „Hüpfgang“ eines Känguruhs, das sich dabei auf seinen Schwanz und die Vorderpfoten stützt. Wilfarth vermutete, dass der Dinosaurier den von ihm vermuteten „Krückengang“ nur ausnahmsweise benutzte, bei eiligem Lauf aber auf den Hinterbeinen gerannt sei.
Beinahe acht Jahrzehnte narrte die „Solnhofener Geisterfährte“ die Wissenschaftler. Dabei hatte es lediglich einen einzigen, aber entscheidenden Denkfehler gegeben, der die besten Paläontologen auf die „falsche Fährte“ gelockt und sie für die Realität blind gemacht hatte: Die Fährte war ausnahmslos richtungsverkehrt gelesen worden! Die Bewegungsrichtung der vermeintlichen Fuß- und Handabdrücke lief genau entgegengesetzt wie von allen angenommen worden war, und es war auch kein Urvogel oder Kleinstdinosaurier am Solnhofener Strand entlanggehüpft, ja nicht einmal ein Wirbeltier hatte die Fährte verursacht, sondern ein wirbelloses Tier namens *Limulus*. Diese Pfeilschwanzkrebse, entfernte Verwandte unserer Spinnen, waren zur Eiablage an das Ufer gekrochen, so wie sie es auch heute noch an manchen Küsten tun, und bisweilen hatte sie dabei der zähe Schlamm festgehalten. Im Todeskampf hatten ihre Spaltfüße die scheinbaren Urvogel- oder *Compsognathus*-Fährten hinterlassen, die nach

Raubdinosaurier Juravenator starki aus Schamhaupten bei Eichstätt (Oberbayern).
Foto: Superikonoskop / CC-BY-SA3.0 (via Wikimedia Comons), lizensiert unter Creative-Commons-Lizenz by-sa-3.0-en, https://creativecommons.org/licenses/by-sa/3.0/legalcode

vorn gerichtet erschienen. In Wirklichkeit war der Pfeilschwanzkrebs aber genau andersherum gekrochen. Die endgültige Auflösung dieses Fährtenrätsels gelang zwischen 1939 und 1940 dem amerikanischen Paläontologen Kenneth E. Caster (1908–1992).

Juravenator und *Sciurumimus*

Der Zwergdinosaurier *Compsognathus longipes* blieb nicht der einzige Dinosaurier aus dem Oberjura, der im Gebiet der Frankenalb bekannt ist. Nach dem Erscheinen des Buches „Dinosaurier in Deutschland" (1993) von Ernst Probst und Raymund Windolf gelang die Entdeckung der Dinosaurier *Juravenator starki* und *Sciurumimus albersdoerferi*, die in den Taschenbüchern „Dinosaurier von A bis K" (2010) und „Dinosaurier von L bis Z" (2010) von Probst vorgestellt wurden.
Vom kleinen Raubdinosaurier *Juravenator starki* wurde 1998 von den Amateur-Paläontologen Klaus-Dieter Weiß und Hans-Joachim Weiß (beide sind Brüder) bei Schamhaupten unweit von Eichstätt (Bayern) ein nahezu vollständig erhaltenes Skelett entdeckt. Der spektakuläre Fund kam an einer vom „Jura-Museum Eichstätt" gepachteten Grabungsstelle im „Starkschen Steinbruch" zum Vorschein. Laut Online-Lexikon „Wikipedia" wurde nie zuvor ein so gut erhaltener Raubdinosaurier in Europa gefunden. Es handelte sich um ein Jungtier mit einer Länge zwischen etwa 75 und 80 Zentimetern. *Juravenator* war ein Zeitgenosse des Raubdinosauriers *Compsognathus longipes*, der aus Kelheim oder Jachenhausen bei Riedenburg in Bayern nachgewiesen ist. Der Fund von *Juravenator* bei Schamhaupten stammt von einem Tier, das vermutlich bei einer Überschwemmung von einer Welle ins

Schädel des Raubdinosauriers Juravenator starki.
Foto: Ghedoghedo / CC-BY4.0 (via Wikimedia Commons), lizensiert unter Creative-Commons-Lizenz by-4.0, https://creativecommons.org/licenses/by/4.0/legalcode

Lebensbild des Raubdinosauriers Juravenator starki.
Zeichnung: Tom Parker / CC-BY-SA4.0 (via Wikimedia Commons), lizensiert unter Creative-Commons-Lizenz by-sa-4.0.de, https://creativecommons.org/licenses/by-sa/4.0/legalcode

Wasser gerissen wurde und ertrank. Bei dem ungewöhnlich gut erhaltenen Fossil sind sogar Weichteile und Abdrücke der Haut mit kleinen Pusteln erkennbar. Vor der wissenschaftlichen Erstbeschreibung wurde der Fund scherzhaft „Borsti" genannt. Dies geschah in der fälschlichen Annahme, dieser Dinosaurier habe möglicherweise Protofedern besessen. Anzeichen von Federn hat man bei der folgenden wissenschaftlichen Untersuchung nicht beobachtet. Wenn *Juravenator* tatsächlich keine Federn trug, sind nicht alle Coelurosaurier gefiederte Dinosaurier gewesen. Den wissenschaftlichen Namen *Juravenator starki* haben 2006 die deutsche Paläontologin Ursula B. Göhlich und der amerikanische Paläontologe Louis M. Chiappe geprägt. Der Gattungsname *Juravenator* („Jäger des Juragebirges") besteht aus dem Begriff Jura und dem lateinischen Wort venator (Jäger). Der Artname erinnert an die Familie Stark, die Besitzer des Steinbruches, im dem *Juravenator* gefunden wurde. Klaus-Dieter Weiß, einer der beiden Entdecker, bedauerte, dass dieses Fossil nicht *Juravenator weißstarki* genannt wurde, womit der Steinbruchbesitzer und der Entdecker gleichermaßen geehrt worden wären. Klaus-Dieter Weiß hatte für die Grabungen seinen ganzen fünfwöchigen Sommerurlaub geopfert und sich dabei sogar einige Rippen gebrochen. Sein Bruder Hans-Joachim Weiß hatte sich bei den Grabungen auf die Hand geschlagen.

Vom Raubdinosaurier *Sciurumimus* ist bisher weltweit nur ein einziges Exemplar bekannt. Dabei handelt es sich um das ungewöhnlich gut erhaltene Skelett eines offenbar frisch geschlüpften Jungtieres, das 2009 oder 2010 bei Ausgrabungen im Kalkwerk Rygol bei Painten (Kreis Kelheim) in Niederbayern zum Vorschein kam. Finanziert wurden diese Ausgrabungen durch den Geologen und Fossilienhändler Raimund Albersdörfer aus Schnaittach in Mittelfranken. Dessen Ehefrau

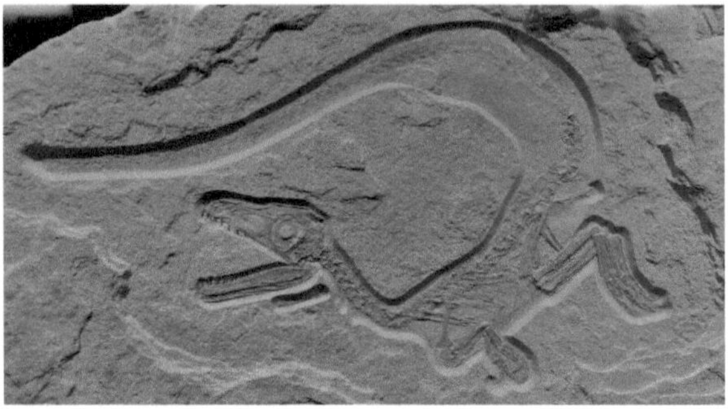

Raubdinosaurier Sciurumimus albersdoerferi aus der Gegend bei Painten (Kreis Kelheim) in Niederbayern.
Foto: Toter alter Mann / CC-BY-SA3.0 (via Wikimedia Commons), lizensiert unter Creative-Commons-Lizenz by-sa-3.0-en, https://creativecommons.org/licenses/by-sa/3.0/legalcode

Bild auf Seite 89:

Lebensbild des Raubdinosauriers Sciurumimus albersdoerferi.
Zeichnung: Emily Willoughby / http://emilywilloughby.com) / CC-BY-SA4.0 (via Wikimedia Commons), lizensiert unter Creative-Commons-Lizenz by-sa-4.0. https://creativecommons.org/licenses/by-sa/4.0/legalcode

Schädel des Raubdinosauriers Sciurumimus albersdoerferi aus der Gegend bei Painten (Kreis Kelheim) in Niederbayern. Foto: Ghedoghedo/ CC-BY-SA3.0 (via Wikimedia Commons), lizensiert unter Creative-Commons-Lizenz by-sa-3.0-en, https://creativecommons.org/licenses/by-sa/3.0/legalcode

Lebensbild des Raubdinosauriers Sciurumimus albersdoerferi.
Zeichnung: Arkady Rose / CC-BY-SA3.0 (via Wikimedia Commons), lizensiert unter Creative-Commons-Lizenz by-sa-3.0-de.
https://creativecommons.org/licenses/by-sa/3.0/legalcode

Birgit Albersdörfer ist Eigentümerin des Fossils, hat es als Kulturgut angemeldet und großzügigerweise dem Bürgermeister-Müller-Museum in Solnhofen als Dauerleihgabe überlassen. *Sciurumimus* wurde im Kelheimer Kalkstein entdeckt. Dieser gehört zur sogenannten Beckeri-Zone aus der Stufe Kimmeridgium des Oberjura. Demzufolge ist der Fund etwa 151 Millionen Jahre alt. Die Erstbeschreibung erfolgte 2012 durch Oliver Rauhut, Christian Foth, Helmut Tischlinger und Mark A. Norell in der Fachzeitschrift „Proceedings" der US-Akademie der Wissenschaften („PNAS"). Wegen des buschigen Schwanzes des Tieres bezeichneten sie die Gattung als *Sciurumimus* (Sciurus = Eichhörnchen, mimus = Nachahmer). Mit dem Artnamen *albersdoerferi* ehrte man Raimund Albersdörfer, den Finanzier der Forschungsarbeiten. *Sciurumimus albersdoerferi* dürfte ein frisch geschlüpftes Jungtier eines zweibeinig auf den Hinterbeinen gehenden Raubdinosauriers gewesen sein. Dieses Jungtier ist 72 Zentimeter lang und trägt einen etwa acht Zentimeter langen Schädel. Erwachsene Tiere dieser Art könnten mehr als fünf Meter lang gewesen sein. Vom Raubdinosaurier *Allosaurus („Andersartige Echse"),* der erwachsen bis zu zwölf Meter Länge erreichte, kennt man 42 Zentimeter lange Jungtiere. *Sciurumimus* besaß einen relativ großen Kopf mit sehr weiten Nasenöffnungen. Wie bei anderen Raubdinosauriern waren seine Augen im Vergleich zu erwachsenen Tieren sehr groß. Experten vermuten schon länger, dass sich die Gesichtszüge und die Lebensweise im Laufe eines Dinosaurier-Lebens geändert haben, was man als „Kindchenschema" bezeichnet. Im Oberkiefer von *Sciurumimus* befanden sich drei Dutzend stark nach hinten ausgerichtete Zähne, die rückseitig gezackt sind. Andere Raubdinosaurier aus der Verwandtschaftsgruppe der Tetanurae („starre Schwänze"), zu denen *Sciurumimus* gerechnet wird, trugen dagegen beidseitig gezackte Zähne. Womöglich hatten die Jungtiere von *Sciurumimus* eine andere Nahrung als erwachsene Tiere. In einem bestimmten Stadium der Entwicklung könnte ein Zahnwechsel erfolgt sein, bei dem die nur einseitig gezackten Zähne gegen beidseitig gezackte ausgetauscht wurden. Wegen seiner Skelettmerkmale betrachtet man *Sciurumimus* als sehr ursprünglichen Vertreter der Megalosauroidea, zu denen der Raubdinosaurier *Megalosaurus* („Große Echse") gehört. Die Vorderbeine sind kurz und kräftig und tragen drei lange Zehenglieder und Krallen. Die Hinterbeine ohne Füße haben eine Länge von etwa elf Zentimetern und erlaubten eine rasche Fortbewegung auf zwei Beinen. Der lange Schwanz wird aus 59 Wirbeln gebildet. Besonders bemerkenswert sind feine Abdrücke und Reste eines Federflaums, der offenbar den Körper des Tieres bedeckte. „Unter UV-Licht haben wir Reste der Haut und des Federkleides als leuchtende Flecken und Fasern an dem Skelett erkannt", erklärte der Experte Helmut Tischlinger aus Stammham. Der Flaum von *Sciurumimus* besteht aus 0.2 Millimeter dicken, haarartigen Federn und ist am Schwanz besonders stark ausgeprägt. Dank langer und dichter Filamentstrukturen hatte *Sciurumimus* eine fellartige Oberfläche und ein buschiges Erscheinungsbild. Die Entdeckung des flauschigen Dinosauriers *Sciurumimus* gilt als wissenschaftliche Sensation. Das Fossil ist zu 98 Prozent überliefert. Deswegen gilt *Sciurumimus* als vermutlich am besten erhaltener Raubdinosaurier in Europa. „Sein Gefieder könnte darauf hindeuten, dass alle Raubsaurier befiedert waren – und möglicherweise nicht nur sie", erklärte der an der Ludwig-Maximilians-Universität München lehrende und an der Bayerischen Staatssammlung für Paläontologie und Geologe tätige Paläontologe Oliver Rauhut. Die Daunenfedern von *Sciurumimus* ähneln der haarähnlichen Körperbedeckung der Flugsaurier. Dies nährt die Annahme, nicht nur Flugsaurier und Raubdinosaurier seien befiedert gewesen, sondern alle Dinosaurier könnten ein wärmendes Federkleid getragen haben. „Dann aber müsste das Bild der reptilischen Riesen im Schuppenpanzer endgültig ad acta gelegt werden", meinte Rauhut. Die Federn dienten Dinosauriern nicht zum Fliegen, sondern als Wärmeschutz. Eine solche Körperbedeckung macht laut Rauhut nur dann Sinn, wenn Dinosaurier in gewissem Maße die Möglichkeit hatten, ihre Körpertemperatur zu regeln. Auf diese Weise seien sie eine Art Warmblütler gewesen. Damit waren sie unabhängiger von der Temperatur ihrer Umgebung, aber auch anfälliger für Futterknappheit, weil Warmblütler mehr Energie brauchen. Im Bürgermeister-Müller-Museum in Solnhofen ist *Sciurumimus* eine Attraktion ersten Ranges. Martin Röper, der Leiter dieses Museums, wertet das Raubdinosaurier-Baby als wichtigstes Ausstellungsstück noch vor den beiden Urvögeln der Gattung *Archaeopteryx* in der Ausstellung. Jungtiere von Dinosauriern sind sehr seltene Funde. Einerseits wurden sie oft Jagdbeute von Raubdinosauriern, andererseits zerfallen kleine Knochen leichter als große.

Sciurumimus ist nach *Compsognathus* und *Juravenator* der dritte aus Bayern bekannte Raubdinosaurier aus der Zeit des Oberen Jura. Ein vierter Raubdinosaurier namens *Ostromia crassipes,* der bereits 1855 in Jachenhausen bei Riedenburg geborgen sowie 1857 als Flugsaurier und 1970 als Urvogel verkannt wurde, kam 2017 hinzu. Er wurde durch die Paläontologen Oliver Rauhut und Christian Foth als vogelähnlicher, aber nicht flugfähiger Dinosaurier identifiziert und beschrieben.

Dinosaurierfunde in Deutschland

1834: Entdeckung des ersten Dinosauriers *(Plateosaurus engelhardti)* in Franken
1837: Hermann von Meyer beschreibt *Plateosaurus engelhardti* aus Franken
um 1840: Wilhelm Dunker entdeckt bei Obernkirchen (Niedersachsen) einen Zahn des Leguanzahndinosauriers *Iguanodon*
1857: Hermann von Meyer beschreibt *Stenopelix valdensis* aus den Bückebergen (Niedersachsen)
1859: Andreas Wagner beschreibt *Compsognathus longipes* aus Kelheim oder Jachenhausen bei Riedenburg (Bayern)
1861: Hermann von Meyer bezeichnet eine 1860 in Solnhofen entdeckte Feder als *Archaeopteryx lithographica.* 1861 findet man bei Langenaltheim das erste Skelettexemplar eines Urvogels, den man ebenfalls *Archaeopteryx* zurechnet. *Archaeopteryx* gilt heute als Raubdinosaurier.
1879–1881: Erste Fährtenfunde in den Bückebergen und den Rehburger Bergen (Niedersachsen)
1904: Erste Knochenfunde in Trossingen (Baden-Württemberg)
1908: Friedrich von Huene beschreibt *Sellosaurus gracilis* (heute: *Plateosaurus gracilis)* und *Halticosaurus longotarsus* (heute: *Liliensternus liliensterni)*
1909: *Procompsognathus* wird am Nordhang des Stromberges bei Pfaffenhofen (Baden-Württemberg) entdeckt;
der Schüler Hermann Weiß entdeckt Plateosaurierknochen

in Trossingen;
erste Dinosaurierskelettfunde in Halberstadt (Sachsen-Anhalt)
1910: Die Grabungen in Halberstadt beginnen
1911: Wichtige Fährtenfunde im Keuper Württembergs
1911–1912: Erste Trossinger Grabung
1913: Eberhard Fraas beschreibt *Procompsognathus triassicus* vom Nordhang des Stromberges bei Pfaffenhofen (Baden-Württemberg)
1921: Die Barkhausener Dinosaurierfährten (Niedersachsen) werden entdeckt
1921–1923: Zweite Trossinger Grabung
1932: Dritte Trossinger Grabung. Bei insgesamt sechs Grabungen werden Reste von fast 100 Plateosauriern geborgen
1932/1933: Hugo Rühle von Lilienstern gräbt am Großen Gleichberg in Thüringen zwei Skelette von *Plateosaurus* und zwei weitere von *Liliensternus* (früher: *Halticosaurus*) aus
1934: Willi Weiss entdeckt in Franken die Fährte *Coelurosaurichnus schlauersbachensis*
1948: Die Fährte *Coelurosaurichnus (Dinosaurichnium) moeni* wird beschrieben
1950: Karl Beurlen beschreibt die Fährte *Coelurosaurichnus kehli;*
Kurt Rehnelt beschreibt die Fährten *Coelurosaurichnus schlehenbergensis* und *Coelurosaurichnus kronbergeri;*
1952: Florian Heller beschreibt die Fährte *Coelurosaurichnus metzneri,* die ab 1986 der Fährtengattung *Atreipus* zugerechnet wird
1958: Oskar Kuhn beschreibt zwei Dinosaurierfährten aus Franken: *Coelurosaurichnus ziegelangerensis* und *Coelurosaurichnus sassendorfensis*

1963: *Emausaurus* wird in einer Tongrube bei Greifswald (Mecklenburg-Vorpommern) entdeckt
1975: Erste Dinosaurierknochen aus Nehden bei Brilon (Nordrhein-Westfalen) tauchen auf
1978: Rupert Wild beschreibt *Ohmdenosaurus liasicus* aus der Gegend von Ohmden (Baden-Württemberg)
1979: Die Münchehagener Dinosaurierfährten werden entdeckt
1979–1982: Ausgrabungen in Nehden mit großartigen Funden der Leguanzahndinosaurier *Iguanodon atherfieldensis* und *Iguanodon bernissartensis*
1982: Im Wiehengebirge (Nordrhein-Westfalen) wird ein vermeintliches Schwanzstachelfragment des Stegosauriers *Lexovisaurus* entdeckt;
Kurt Rehnelt beschreibt die Fährte *Coelurosaurichnus arntzeniusi*
1988: Im Stromberg bei Pfaffenhofen (Baden-Württemberg) kommt die Fährte eines *Procompsognathus* ähnelnden Raubdinosauriers samt Hautabdruck zum Vorschein
1989: In Baden-Württemberg wird anhand einer Fährte ein weiterer Raubtierfußdinosaurier (Theropode) nachgewiesen, der *Syntarsus* gleicht
1990: Der gepanzerte Dinosaurier *Emausaurus ernsti* aus einer Tongrube bei Greifswald (Mecklenburg-Vorpommern) wird von Hartmut Haubold beschrieben
1991: Neue Fährtenfunde eines großen Raubtierfußdinosauriers in Baden-Württemberg
2004: In Münchehagen (Niedersachsen) werden nahe der 1979 entdeckten alten Fundstelle weitere Dinosaurierfährten gefunden
2006: P. Martin Sander, Octávio Mateus, Thomas Laven und Nils Knötschke beschreiben den

Elefantenfußdinosaurier *Europasaurus holgeri* aus dem Kalksteinbruch Langenberg bei Göttingerode (Niedersachsen). Der Artname erinnert an den Entdecker Holger Lüdtke

2006: Ursula B. Göhlich und Louis M. Chiappe beschreiben den 1998 bei Schamhaupten unweit von Eichstätt (Bayern) entdeckten Raubdinosaurier *Juravenator starki*

2007: Die Dinosaurierfährten von Obernkirchen (Niedersachsen) werden entdeckt

2012: Oliver Rauhut, Christian Foth, Helmut Tischlinger und Mark A. Norell beschreiben den 2009 oder 2010 bei Painten unweit von Kelheim (Bayern) ausgegrabenen Raubdinosaurier *Sciurumimus albersdoerferi*

2016: Oliver Rauhut, Tom R. Hübner und Klaus-Peter Lanser beschreiben den 1998 von dem Geologen Friedrich Albat im Wiehengebirge bei Minden (Nordrhein-Westfalen) entdeckten Raubdinosaurier *Wiehenvenator albati*

2017: Oliver Rauhut und Christian Foth identifizieren ein 1855 in Jachenhausen bei Riedenburg (Bayern) geborgenes Fossil als Raubdinosaurier und nennen es *Ostromia crassipes.* Vorher galt dieser Fund, der im „Teylers Museum" in Haarlem (Niederlande) aufbewahrt wird, als Urvogel.

2022: Ingmar Werneburg und Omar Regalado Fernandez beschrieben eine 1922 von Friedrich von Huene bei Trossingen entdeckte, *Plateosaurus* zugeschriebene und in der Paläontologischen Sammlung der Universität Tübingen aufbewahrte Hüfte als neue Gattung und Art namens *Tuebingosaurus maierfritzorum.*

Fassadenansicht des „Paläontologischen Museums" in München. Eine der größten Attraktionen ist der Originalfund des Zwergdinosauriers Compsognathus longipes aus Bayern.

Literatur

BIDAR, Alain / DEMAY, Louis / THOMEL, Gérard (1972): *Compsognathus corallestris,* nouvelle espèce de dinosaurien théropode du Portlandien de Canjuers. In: *Annales du musée d'Histoire Naturelle Nice,* I (1), S. 3–24.
CALLISON, George / QUIMBY, Helen M. (1983): Tiny dinosaurs: Are they fully grown? In: *Journal of Vertebrate Paleontology*, 3, Nr. 4, S. 238– 247.
CALLISON, George (1986): Small problems: Biological implications of tiny dinosaurs. In: CZERKAS, Sylvia (Hg.): *Dinosaurs, past and present,* 1, S. 70–79.
CASTER, Kenneth E. (1940): Die sogenannten Wirbeltierspuren und die Limulus-Fährten der Solnhofener Plattenkalke. In: *Paläontologische Zeitschrift,* 22, S. 12–29.
COPE, Edward Drinker (1867): Account of extinct reptiles which approach birds. In: *Proceedings of the Academy of Natural Sciences*, Philadelphia, S. 234–235.
FERNÁNDEZ, Omar Rafael Regalado / WERNEBURG, Ingmar: A new massopodan sauropodomorph from Trossingen Formation (Germany) hidden as „*Plateosaurus*" for 100 years in the historical Tübingen collection. In: *Vertebrate Zoology* 72: S. 771–822, 2022.
GÖHLICH, Ursula B. / TISCHLINGER, Helmut / CHIAPPE, Luis M. (2006): *Juravenator starki* (Reptilia, Theropoda), ein neuer Raubdinosaurier aus dem Oberjura der südlichen Frankenalb. In: *Archaeopteryx,* Bd. 24, 2006, S. 1–26.
HEILMANN, Gerhard (1926): *The Origin of Birds,* London.
HUENE, Friedrich von (1901): Der vermeintliche

Hautpanzer des *Compsognathus.* In: *Neues Jahrbuch für Mineralogie, Geologie und Paläontologie,* S. 157–160.
HUENE, Friedrich von (1925): Eine neue Rekonstruktion von *Compsognathus.* In: *Centralblatt für Mineralogie, Geologie und Paläontologie,* Abteilung B (5), S. 157–160.
HUXLEY, Thomas H. (1868): On the animals which are most nearly intermediate between birds and reptiles. In: *Geological Magazine,* 5, S. 357–365.
HUXLEY, Thomas H. (1870): On the classification of the dinosaurs, with observations on the dinosaurs of the Trias. In: *Quarterley Journal of the Geological Society,* 26, S. 32–51.
MÄUSER, Matthias (1983): Neue Gedanken über *Compsognathus longipes* WAGNER und dessen Fundort. In: *Weltenburger Akademie,* Erwin-Rutte-Festschrift, S. 157–162.
MOSER, Markus (2017): Der Sammler Dr. Joseph Oberndorfer und seine Fossilien-Sammlung – ein Beitrag zur Geschichte der Paläontologie in Bayern und zur Frage der Fundorte im Raum Kelheim. *Zitteliana* 90, S. 55–142, München.
NOPCSA, Franz von (1903): Neues über *Compsognathus.* In: *Neues Jahrbuch für Mineralogie, Geologie und Paläontologie,* S. 467–494.
OSTROM, John H.(1978 a): A surprise from Solnhofen in the Peabody Museum collections. In: *Discovery* (13) 1, S. 31–37.
OSTROM, John H. (1978 b): The osteology of *Compsognathus longipes* WAGNER. In: *Zitteliana,* 4, S. 73–118,
München.
PROBST, Ernst (1986): Deutschland in der Urzeit. Von der Entstehung der Erde bis zum Ende der Eiszeit, C. Bertelsmann, München.

PROBST, Ernst (1992): Rekorde der Urzeit, C . Bertelsmann, München.
PROBST, Ernst (2010): Dinosaurier von A bis K. Von Abelisaurus bis Kritosaurus, GRIN, München.
PROBST, Ernst (2010): Dinosaurier von L bis Z. Von Labocania bis Zupaysaurus, GRIN, München.
PROBST, Ernst: (2011): Dinosaurier in Bayern. Von Cetiosauriscus bis zu Sciurumimus, GRIN, München.
PROBST, Ernst / WINDOLF, Raymund (1993): Dinosaurier in Deutschland, C. Bertelsmann, München.
RAUHUT, Oliver M. / FOTH, Christian (2018): Da waren's nur noch 11 – Neue Erkenntnisse zur *Archaeopteryx*: Das Haarlemer Exemplar. *Freunde der Bayerischen Staatssammlung für Paläontologie und Historische Geologie München e. V.* Jahresbericht 2017 und Mitteilungen 46, S. 23–33.
RAUHUT, Oliver W. M. / FOTH, Christian / TISCHLINGER, Helmut / NORELL, Mark A. (2012): Exceptionally preserved juvenile megalosauroid theropod dinosaur with filamentous integument from the Late Jurassic of Germany. In: *Proceedings of the National Academy of Sciences.* Bd. 109, Nr. 29, 2012, S. 11746–11751.
SANDER, P. Martin / MATEUS, Octávio / LAVEN, Thomas / KNÖTSCHKE, Nils (2006): Bone histology indicates insular dwarfism in a new Late Jurassic sauropod dinosaur. In: *Nature,* Bd. 441, Nr. 7094, 2006, S. 739–741.
STROMER von REICHENBACH, Ernst (1934): Die Zähne des *Compsognathus* und Bemerkungen über das Gebiß der Theropoda. In: *Centralblatt für Mineralogie, Geologie und Paläontologie,* Abteilung B, Nr. 2, S. 74–85.
WAGNER, Andreas (1859): Über einige, im lithographischen Schiefer neu aufgefundene Schildkröten

Buch „Dinosaurier-Lexikon.
Das aktuelle Wissen über die Dinosaurier,
von ihren Anfängen bis zum Aussterben" (1989)
von Raymund Windolf (1953–2010)

und Saurier. *Gelehrte Anzeigen der k. bayerischen Akademie der Wissenschaften* 48 (69): 553 (21. 12. 1859).

WAGNER, Andreas (1861): Ein neues, angeblich mit Vogelfedern versehenes Reptil. *Sitzungsberichte der königlich bayerischen Akademie der Wissenschaften,* 1. S. 308–358, München.

WAGNER, Andreas (1861): Neue Beiträge zur Kenntnis der urweltlichen Fauna des lithographischen Schiefers. II: Schildkröten und Saurier. V. *Compsognathus longipes* Wagn. *Abhandlungen der königlich bayerischen Akademie der Wissenschaften,* II. Classe, 9(1), S. 30–38, München.

WELLNHOFER, Peter (1970): Die Pterodactyloidea (Pterosauria) der Oberjura-Plattenkalke Süddeutschlands. *Bayerische Akademie der Wissenschaften.* Mathematisch-naturwissenschaftliche Klasse, Neue Folge, Heft 141, München.

WELLNHOFER, Peter (1995): Specimina historica. *Compsognathus longipes* Wagner 1859 (Inv. Nr. AS I 563). *Freunde der Bayerischen Staatssammlung für Paläontologie und historische Geologie München e. V.,* Jahresbr. 1995 und Mitteilungen, 24, S. 21–39.

WELLNHOFER, Peter (2018): Der Urvogel von Solnhofen. München.

WILFARTH, Martin (1937): Deutungsversuch der Fährte *Kouphichnium.* In: *Centralblatt für Mineralogie, Geologie und Paläontologie,* Abteilung B, S. 329-333.

WINDOLF, Raymund (1989): Dinosaurier-Lexikon. Das aktuelle Wissen über die Dinosaurier, von ihren Anfängen bis zum Aussterben, Goldschneck-Verlag, Korb.

WINDOLF, Raymund (1999): Jurassic Park Deutschland. In: *National Geographic Deutschland.* November 1999, S. 180–185.

Die Autoren

Ernst Probst, 1946 in Neunburg vorm Wald (Oberpfalz) geboren, war von 1973 bis 2001 verantwortlicher Redakteur bei der „Allgemeinen Zeitung" in Mainz und betätigte sich in seiner Freizeit als Wissenschaftsautor. Ab 1977 beschäftigte er sich mit der Erdgeschichte Deutschlands, zunächst als Fossiliensammler im Mainzer Becken, später als Verfasser von Artikeln für Tages- und Wochenzeitungen in Deutschland, Österreich und der Schweiz. Die „Welt" nannte sein 1986 erschienenes Buch „Deutschland in der Urzeit" ein „Glanzstück deutscher Wissenschaftspublizistik". Bis heute veröffentlichte er mehr als 300 Bücher, Taschenbücher und Broschüren aus den Themenbereichen Paläontologie, Kryptozoologie, Archäologie und Geschichte.

Raymund Windolf, geboren 1953 in München, gestorben 2010 in Rott/Lech, interessierte sich bereits als Sechsjähriger für Dinosaurier. Sein Berufsleben begann er mit einer Ausbildung zum Wetterdiensttechniker (Wetterbeobachter). Von 1975 bis 1983 arbeitete er beim „Deutschen Wetterdienst". Mit ideeller und finanzieller Unterstützung seiner Ehefrau Regina Cossmann studierte er danach Zoologie, Botanik und Paläontologie. Zeitweise war er Herausgeber der Zeitschrift „Dinosaurier-Magazin". 1989 veröffentlichte er das „Dinosaurier-Lexikon" und 1993 zusammen mit Ernst Probst das Buch „Dinosaurier in Deutschland". Während seiner Tätigkeit für den „Dinopark Münchehagen" war er ab 1998 an der Bearbeitung von Dinosaurierfunden aus Niedersachsen beteiligt.

Buch „Dinosaurier in Deutschland“ (1993)
von Ernst Probst und Raymund Windolf (1953–2010)

Bücher von Ernst Probst

(Auswahl)

Als Mainz im Meer lag
Als Mainz noch nicht am Rhein lag
Der Europäische Jaguar
Der Mosbacher Löwe. Die riesige Raubkatze aus Wiesbaden
Der Rhein-Elefant. Das Schreckenstier von Eppelsheim
Der Ur-Rhein. Rheinhessen vor zehn Millionen Jahren
Deutschland im Eiszeitalter
Deutschland in der Frühbronzezeit
Deutschland in der Mittelbronzezeit
Deutschland in der Spätbronzezeit
Die Aunjetitzer Kultur in Deutschland
Die Straubinger Kultur in Deutschland
Die Singener Gruppe
Die Arbon-Kultur in Deutschland
Die Ries-Gruppe und die Neckar-Gruppe
Die Adlerberg-Kultur
Der Sögel-Wohlde-Kreis
Die nordische Bronzezeit in Deutschland
Die Hügelgräber-Kultur in Deutschland
Die ältere Bronzezeit in Nordrhein-Westfalen
Die Bronzezeit in der Lüneburger Heide
Die Stader Gruppe
Die Oldenburg-emsländische Gruppe
Die Urnenfelder-Kultur in Deutschland
Die ältere Niederrheinische Grabhügel-Kultur
Die Unstrut-Gruppe

Die Helmsdorfer Gruppe
Die Saalemündungs-Gruppe
Die Lausitzer Kultur in Deutschland
Die Dolchzahnkatze Megantereon
Die Dolchzahnkatze Smilodon
Die Säbelzahnkatze Homotherium
Die Säbelzahnkatze Machairodus
Die Schweiz in der Frühbronzezeit
Die Rhône-Kultur in der Westschweiz
Die Arbon-Kultur in der Schweiz
Die Schweiz in der Mittelbronzezeit
Die Schweiz in der Spätbronzezeit
Deutschland in der Urzeit. Von der Entstehung des Lebens bis zum Ende der Eiszeit
Deutschland in der Steinzeit. Jäger, Fischer und Bauern zwischen Nordseeküste und Alpenraum
Deutschland in der Bronzezeit. Bauern, Bronzegießer und Burgherren zwischen Nordsee und Alpen
Dinosaurier in Deutschland (zusammen mit Raymund Windolf)
Dinosaurier von A bis K. Von Abelisaurus bis zu Kritosaurus
Dinosaurier von L bis Z. Von Labocania bis zu Zupaysaurus
Der rätselhafte Spinosaurus. Leben und Werk des Forschers Ernst Stromer von Reichenbach
Eiszeitliche Geparde in Deutschland
Eiszeitliche Leoparden in Deutschland
Höhlenlöwen. Raubkatzen im Eiszeitalter
Johann Jakob Kaup. Der große Naturforscher aus Darmstadt
Monstern auf der Spur. Wie die Sagen über Drachen, Riesen

und Einhörner entstanden
Neues vom Ur-Rhein. Interview mit dem Geologen und Paläontologen Dr. Jens Sommer
Österreich in der Frühbronzezeit
Österreich in der Mittelbronzezeit
Österreich in der Spätbronzezeit
Raub-Dinosaurier von A bis Z. Mit Zeichnungen von Dmitry Bogdanav und Nobu Tamura
Raubdinosaurier in Bayern. Von Archaeopteryx bis zu Sciurumimus
Rekorde der Urmenschen. Erfindungen, Kunst und Religion
Rekorde der Urzeit. Landschaften, Pflanzen und Tiere
Säbelzahnkatzen. Von Machairodus bis zu Smilodon
Säbelzahntiger am Ur-Rhein. Machairodus und Paramachairodus
Was ist ein Menhir? Interview mit dem Mainzer Archäologen
Dr. Detert Zylmann
Wer ist der kleinste Dinosaurier? Interviews mit dem Wissenschaftsautor Ernst Probst
Wer war der Stammvater der Insekten? Interview mit dem Stuttgarter Biologen und Paläontologen Dr. Günther Bechly
Kastel in der Vorzeit. Von der Jungsteinzeit bis Christi Geburt
Kostheim in der Vorzeit. Von der Jungsteinzeit bis Christi Geburt
Anno. 1.000.000. Deutschland in der älteren Altsteinzeit
Wiesbaden in der Steinzeit. Von Eiszeit-Jägern zu frühen Bauern
Das Protoacheuléen. Eine Kulturstufe der Altsteinzeit vor etwa 1,2 Millionen bis 600.000 Jahren

Das Altacheuléen. Eine Kulturstufe der Altsteinzeit vor etwa 600.000 bis 350.000 Jahren
Das Jungacheuléen. Eine Kulturstufe der Altsteinzeit vor etwa 350.000 bis 150.000 Jahren
Die Lanze von Lehringen. Der Jahrhundertfund aus der Altsteinzeit
Das Moustérien. Die große Zeit der Neanderthaler
Das Aurignacien. Eine Kulturstufe der Altsteinzeit vor etwa 40.000 bis 31.000 Jahren
Das Gravettien. Eine Kulturstufe der Altsteinzeit vor etwa 35.000 bis 24.000 Jahren
Das Magdalénien. Die Blütezeit der Rentierjäger vor etwa 18.000 bis 14.000 Jahren
Die Hamburger Kultur. Eine Kulturstufe der Altsteinzeit vor etwa 15.700 bis 14.200 Jahren
Das Steinzeit-Grab von Bonn-Oberkassel. Ein rätselhafter Fund aus der Zeit der Federmesser-Gruppen
Die Ahrensburger Kultur. Eine Kulturstufe der Altsteinzeit vor etwa 12.700 bis 11.650 Jahren
Die Altsteinzeit in Österreich. Jäger und Sammler vor 250.000 bis 10.000 Jahren
Das Jungacheuléen in Österreich
Das Moustérien in Österreich
Das Aurignacien in Österreich
Das Gravettien in Österreich
Das Magdalénien in Österreich
Das Magdalénien in der Schweiz
Deutschland in der Mittelsteinzeit
Die Mittelsteinzeit in Baden-Württemberg
Die Mittelsteinzeit in Bayern
Die Mittelsteinzeit in Rheinland-Pfalz
Die Mittelsteinzeit in Hessen

Die Mittelsteinzeit in Nordrhein-Westfalen
Die Mittelsteinzeit in Niedersachsen
Die Mittelsteinzeit in Thüringen, Sachsen-Anhalt, Sachsen und im südlichen Brandenburg
Die Mittelsteinzeit in Schleswig-Holstein, Mecklenburg und im nördlichen Brandenburg
Die ersten Bauern in Deutschland. Die Linienbandkeramische Kultur (5.500 bis 4.900 v. Chr.)
Die Erteбölle-Ellerbek-Kultur. Eine Kultur der Jungsteinzeit vor etwa 5.000 bis 4.300 v. Chr.
Die Stichbandkeramik. Eine Kultur der Jungsteinzeit vor etwa 4.900 bis 4.500 v. Chr.
Die Oberlauterbacher Gruppe. Eine Kulturstufe der Jungsteinzeit vor etwa 4.900 bis 4.500 v. Chr.
Die Hinkelstein-Gruppe. Eine Kulturstufe der Jungsteinzeit vor etwa 4.900 bis 4.800 v. Chr.
Die Rössener Kultur. Eine Kultur der Jungsteinzeit vor etwa 4.600 bis 4.300 v. Chr.
Die Baalberger Kultur. Eine Kultur der Jungsteinzeit vor etwa 4.300 bis 3.700 v. Chr.
Die Kupferzeit. Wie die ersten Metalle in Mitteleuropa bekannt wurden
Die Michelsberger Kultur. Eine Kultur der Jungsteinzeit vor etwa 4.300 bis 3.500 v. Chr.
Das Rätsel der Großsteingräber. Die nordwestdeutsche Trichterbecher-Kultur vor etwa 4.300 bis 3.000 v. Chr.
Pfahlbauten in Süddeutschland. Dörfer der Jungsteinzeit und Bronzezeit an Seen, Mooren und Flüssen
Die Altheimer Kultur / Die Pollinger Gruppe. Zwei Kulturen der Jungsteinzeit vor etwa 3.900 bis 3.500 v. Chr.
Die Salzmünder Kultur. Eine Kultur der Jungsteinzeit vor etwa 3.700 bis 3.200 v. Chr.

Die Chamer Gruppe. Eine Kulturstufe der Jungsteinzeit vor etwa 3.500 bis 2.700 v. Chr.
Die Wartberg-Kultur. Eine Kultur der Jungsteinzeit vor etwa 3.500 bis 2.800 v. Chr.
Die Walternienburg-Bernburger Kultur. Eine Kultur der Jungsteinzeit vor etwa 3.200 bis 2.800 v. Chr.
Die Kugelamphoren-Kultur. Eine Kultur der Jungsteinzeit vor etwa 3.100 bis 2.700 v. Chr.
Die Schnurkeramischen Kulturen. Kulturen der Jungsteinzeit vor etwa 2.800 bis 2.400 v. Chr.
Die Einzelgrab-Kultur. Eine Kultur der Jungsteinzeit vor etwa 2.800 bis 2.300 v. Chr.
Die Schönfelder Kultur. Eine Kultur der Jungsteinzeit vor etwa 2.800 bis 2.200 v. Chr.
Die Glockenbecher-Kultur. Eine Kultur der Jungsteinzeit vor etwa 2.500 bis 2.200 v. Chr.?
Meteoriten. Die wichtigsten Krater und Funde
Große Kometen. Schweifsterne in Wort und Bild

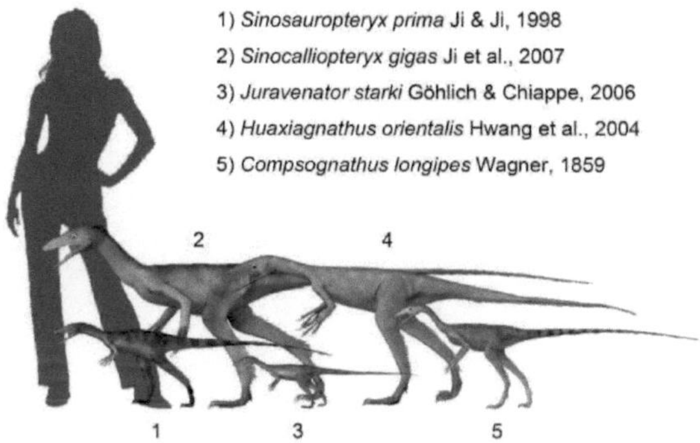

Einige Compsognathiden im Größenvergleich:
1) Sinosauropteryx prima Ji & Ji, 1998
2) Sinocalliopteryx gigas Ji et al., 2007
3) Juravenator starki Göhlich & Chiappe, 2006
4) Huaxiagnathus orientalis Hwang et al., 2004
5) Compsognathus longipes Wagner, 1859
Zeichnung: Nobu Tamura / http://spinops.blogspot.com / CC-BY3.0 (via Wikimedia Commons),